普通高等教育"十二五"规划教材

矿山企业设计原理与技术

胡杏保　郭进平　编著

U0315732

北　京

冶金工业出版社

2024

内 容 提 要

本教材根据矿山设计过程的特点，阐述了矿山企业设计程序及基础资料、矿山企业生产能力和服务年限、矿山企业设计经济评价方法、矿床开采工业指标、采矿方法选择、矿山开拓方案的选择、矿床开采进度计划、矿山总平面布置、矿山地面运输以及矿山企业设计总概算的编制等内容。

本教材可供高等院校采矿、矿山建设等相关专业选用，也可供矿山企业设计科研人员、管理人员参考。

图书在版编目（CIP）数据

矿山企业设计原理与技术/胡杏保，郭进平编著. —北京：冶金工业出版社，2013.9（2024.7 重印）

普通高等教育"十二五"规划教材

ISBN 978-7-5024-6371-7

Ⅰ.①矿… Ⅱ.①胡… ②郭… Ⅲ.①矿山开采—高等学校—教材 Ⅳ.①TD8

中国版本图书馆 CIP 数据核字（2013）第 200156 号

矿山企业设计原理与技术

出版发行 冶金工业出版社		**电 话** (010)64027926	
地 址 北京市东城区嵩祝院北巷 39 号		**邮 编** 100009	
网 址 www.mip1953.com		**电子信箱** service@mip1953.com	

责任编辑 任咏玉 美术编辑 吕欣童 版式设计 孙跃红
责任校对 郑 娟 责任印制 禹 蕊
北京富资园科技发展有限公司印刷
2013 年 9 月第 1 版，2024 年 7 月第 3 次印刷
710mm×1000mm 1/16；11 印张；216 千字；166 页

定价 28.00 元

投稿电话 (010)64027932 投稿信箱 tougao@cnmip.com.cn
营销中心电话 (010)64044283
冶金工业出版社天猫旗舰店 yjgycbs.tmall.com
（本书如有印装质量问题，本社营销中心负责退换）

前　言

　　采矿工业作为国民经济基础产业在工业建设与发展过程中占有重要地位。随着矿产资源的不断开发，浅部易采资源量不断减少，地下矿山开采的比重逐渐增加。同时，随着采矿工业的迅速发展，地下矿山的技术水平、开采设备的自动化程度、地下开采的工艺技术等都有很大的提高。如何安全、高效地开采地下矿产资源，在很大程度上取决于矿山设计的质量。地下矿山设计涉及多学科，是以采矿专业为主体，辅以其他相关专业知识，对地下矿床开采进行复杂、系统、综合地规划与设计。

　　为适应采矿专业教学工作的发展以及矿山企业和设计单位的需要，在内部自编教材的基础上，结合编者多年来的采矿设计、教学及科研经历，并结合现行规范、规定、风险评价技术等形成《矿山企业设计原理与技术》一书。

　　本书在编写过程中力求内容系统全面、主次得当，为读者分析、解决地下开采设计中的问题提供基础性设计知识，让读者熟悉采矿设计中的主要着力点及设计程序，掌握采矿设计的阶段划分、设计要点及设计文件的编写内容。本书共分为十章，主要内容包括矿山企业设计程序及基础资料、矿山企业生产能力和服务年限、矿山企业设计经济评价方法、矿床开采工业指标、采矿方法选择、矿床开拓方案选择、矿床开采进度计划、矿山总平面布置、矿山地面运输、矿山企业设计总概算编制。

　　本书内容系统全面，科学性、实用性、学习性强，可作为高等院校采矿专业的学习教材，也可作为采矿设计人员、矿山技术管理人员的学习参考书。

　　本书由胡杏保、郭进平编著；贺汇文、程平、孙锋刚分别参与了第 1 章、第 2 章、第 4 章的编写。

　　在编写过程中，刘力教授为书稿的编写工作提出了宝贵意见和建议；潘健、李峰、陈雨波、阮阳等同志在文字编排、图表校核等方面做了许多工作，并提出宝贵的意见和建议，在此表示衷心的感谢。

　　由于作者水平所限，书中不足之处，敬请读者批评指正。

作　者

2013 年 6 月于西安

目　　录

0 绪 论

矿山企业设计原理与技术是采矿专业的一门主要专业课程，是在学完了金属矿床地下开采和其他相关的技术基础课（包括矿产地质基础、矿山地质、矿山测量等课程）与专业课（如井巷工程、爆破工程、矿井通风与安全、岩石力学、矿山系统工程、矿山企业管理、矿山技术经济等课程）的基础上开设的，运用本课程的理论知识和技术经济分析、优化设计等方法可以解决矿山企业设计中的重要技术决定、矿床开采的合理方案和企业的技术经济评价，培养学生分析问题和解决技术问题的能力，为今后走上工作岗位，从事矿山的生产、设计、科研工作奠定基础。

本课程的内容大致可以分为如下几个部分：

（1）介绍矿山企业设计编制程序、内容和方法。

（2）论述矿山企业设计经济评价方法。

（3）述说矿床开采的主要技术决定，如矿山企业年生产能力、开拓方案、采矿方法选择的决策方法。

（4）阐明矿山基建进度计划、总平面布置和概（预）算编制的原则与方法。

通过以上内容的教学，使学生对矿山的设计、建设和生产有一个较为全面的了解，学习技术经济问题评价方法及其在方案选择中的应用，从而为合理、正确地进行采矿工业设计提供必要的基础知识。

0.1 矿 山 设 计

设计是把一种计划、规划、设想通过视觉的形式传达出来的活动过程。人类通过劳动改造世界，创造文明，创造物质财富和精神财富，而最基础、最主要的创造活动是造物。设计便是对造物活动进行预先的计划，可以把任何造物活动的计划技术和计划过程理解为设计。

矿山设计是矿产资源开发中的一个阶段，也是矿山建设的一个重要环节。它是在取得地质勘查成果的基础上，为矿山建设和生产而进行的全面规划工作，旨在根据矿床赋存状况和技术经济条件，选择技术可行、经济合理的矿产资源开发方案。

矿山设计的主要内容是：确定矿山生产规模、服务年限、工艺流程、产品方案等，并对矿床开拓方案、采矿方法、矿石洗选加工工艺、主要矿山设备、地面及地下工程布置、动力供应、给排水和施工组织等方面选择合理方案；核算建设投资、编制单项工程设计和施工图等。

根据资料的完备程度和设计程序，矿山设计一般分为设计任务书、初步设计、技术设计和施工图四个阶段。为加速矿山建设，尤其是中小型矿山，可将初步设计和技术设计两个阶段合并一起完成。矿山设计质量的优劣，对矿山建设和实现均衡性生产以及投产后的效益、开采成本等有重大影响。

0.2　矿山企业的性质和采矿工业的特点

采矿专业的学生将来主要从事采矿专业或者与采矿专业相关的工作，包括矿山企业管理，矿山的建设、生产、科学研究、设计、咨询等工作，为了理论联系实际，必须对矿山企业的性质和采矿工业的特点有所了解。

矿山企业是以开采有用矿物为目的的工业企业，是生产或经营的独立单位，根据生产的性质和规模的不同，可以分为两种类型：

（1）单一企业。矿山仅是生产商品矿石的独立经营单位，如铁矿、煤矿、建材类矿山。这种企业的产品直接就是铁矿石、煤、云母、石棉、大理石等，企业以矿石直接出售给用户，并借以维持矿山企业的简单再生产和扩大再生产。

（2）联合企业。矿山是联合企业（公司或矿山局、矿务局）的一个组成部分。所谓联合企业可以包括一个矿山或者几个矿山、选矿厂、冶炼厂在内的企业集团。联合企业生产的最终产品可以是精矿（采选联合企业）、金属（采选冶联合企业）。例如，中条山有色金属公司、首都钢铁公司、鞍山钢铁公司等均为采选冶联合的集团型公司，下属包括矿山、选矿厂、冶炼厂等，形成最终的金属产品或者金属制品；马钢矿山公司是含有南山铁矿、姑山铁矿、桃冲铁矿、罗河铁矿等矿山以及选矿厂在内的矿山公司，属于采选联合企业，其生产的铁精矿供给马鞍山钢铁公司进行冶炼加工。

本课程中的矿山企业设计一般是指单独的矿山或联合企业的矿山部分（采矿部分）的设计。矿山企业的设计与一般工业企业的设计有所不同，由于矿山企业受矿床自然条件（如地理条件、地质条件、技术经济条件、运输条件等）的限制，内部和外部影响因素多、变化大，因此，除了一般工业企业应考虑的问题外，还应着重考虑以下特点：

（1）采矿工业是采掘原料的工业，也就是说这种工业生产不需要原料。其生产费用开支主要是工资、动力、辅助材料（炸药、雷管、钎钢、硬质含金、导爆索和支护材料）和巷道、机械设备、建筑物、构筑物的投资费用和维修费。而加工工业的原料费却占生产费用的很大一部分。机械制造工业的原料主要是钢铁和有色金属，而这种原材料在工厂产品的成本中占相当比重。因此，在加工工业中降低成本的关键之一在于节约原材料。而在采矿工业中降低成本的重要途径，则在于优化采掘系统、提高采矿效率、节省辅助材料、提高劳动生产率、降低基建投资。

（2）矿山企业的基建工程量大、建设周期长。矿山除了和一般工业一样需要建设厂房、安装机械设备外，由于工作对象是埋藏在地下的矿床，开采这些矿床更重要的是需要开凿一系列井巷工程。一个中型矿山开凿的井巷工程量达5～10万立方米。开采一亿吨矿石需要掘进数百万米巷道工程。基建工程量大，决定了建设周期长。建设一座高炉一般只需3～5个月，建设一个钢厂或机械厂需2～3年时间。而建设一个中、小型矿山却要1～4年；大型矿山要3～5年，甚至更长（尤其对于富水矿床的开采建设）。

（3）矿山生产采掘量大、工艺复杂、生产效率不高。矿山生产采掘量大，如生产1t钢铁需要矿山提供3～4t铁矿石，冶炼1t铜需要采掘几十吨甚至上百吨的铜矿石。而金属矿石大多数是很坚硬的，必须经过凿岩、爆破、装运、提升等一系列工艺和环节把矿石运到地面，才能加工成精矿或入炉冶炼。而这些工艺的机械化程度相对比较低、劳动强度大、环节多，并容易发生生产或者安全故障，因而生产效率低。

（4）矿山生产的主要作业在井下进行，作业地点分散，工作面随着作业的进行不断变化和移动，使劳动组织和生产管理复杂化。

（5）矿山企业的建设地点是由矿床埋藏的位置所决定，即矿山必须接近矿床。因此，矿山企业工业场地的选择与确定往往受地表地形条件的限制。而且由于矿山地处山区、环境艰苦、劳动条件差、就业面窄。因此，职工队伍的稳定和思想教育、业务学习必须予以重视。

鉴于上述特点，在矿山企业的设计工作中必须重视矿山的基本建设，适当增加矿山的投资，合理确定矿山规模，注意新技术、新工艺的引进，提高机械化作业水平，开展职工的技术培训，改善职工生活和福利设施，使矿山设计建立在先进、稳妥、安全、可靠的基础上，促进矿山企业社会效益和经济效益的不断提高。

0.3 矿山企业的设计任务

矿山企业设计的任务在于合理解决矿床开采的主要技术决定和方案的选择，使得矿床开采在经济利用方面是有效的，矿石资源得到最大回收，获得良好的社会效益和企业经济效益，在技术上是先进合理的，在生产及安全上是安全可靠的。

　　建设一个矿山企业需要大量的投资，如建设一个年产 10 万吨矿石的小型地下矿山，通常需投入 2000 ~ 4000 万元，建设一个大型地下矿山则需要数亿元投资。设计的优劣直接影响到矿山企业的投入及运营成本。矿山的服务年限往往长达几十年之久，既涉及建设时期的基建费，又涉及生产时期的经营费，而矿石的成本是基建费用和经营费用摊销额的总和，设计质量的好坏最终反映在生产矿石的质量、数量和生产费用上。由此可见，做好矿山的设计工作对发展采矿工业具有重要意义。

0.4　矿山设计工作的发展概况和存在的问题

　　新中国成立前，采矿工业十分落后，手工作业，人力搬运，采矿方法不正规，"老鼠打洞"式地见矿就挖，根本谈不上有什么设计。因此，矿山设计工作基本上处于空白状态。新中国成立以来，党和政府非常重视原料生产，采掘工业有了很大的发展。矿山设计机构从无到有地开始建立。第一个五年计划期间，在北京、长沙、鞍山等地组建了黑色矿山设计院和有色冶金设计院，担负全国冶金矿山的设计任务。20 世纪 60 年代末和 70 年代初，各省、自治区相继成立了地方性矿山设计部门。到目前为止，包括央企矿山设计企业、各省矿山设计企业、联合企业内部设计院、高校矿山设计院、民营设计企业（含股份制）等已经达到近 200 家，在全国范围内已形成一支雄厚的矿山设计队伍。通过多年的实践和提高，他们不仅能独立自主地进行多种类型的露天矿和地下矿的设计，而且还能完成比较复杂的大型矿山工程设计，有的还承担了国外设计任务。自 70 年代起，相关设计单位打破了以往单纯做设计的局面，走设计与研究、设计与工程总承包相结合的道路，成为设计研究院有限公司，紧密结合采矿工程项目，实现院内与院外相结合、设计与科研、设计与教学单位相结合、设计兼工程的形式，并协同研究、联合攻关，使设计工作直接为矿山生产建设服务，促进矿山技术的进步以及设计质量和经济效益的提高。

　　随着新技术应用的发展，从 20 世纪 70 年代末开始，各设计研究单位开始注意计算机与系统集成应用技术的使用，在地质统计学、三维可视化矿山建设、露天矿境界圈定、采掘进度计划编制、生产能力确定、通风网路模拟及风路控制、开拓运输和采矿方法优化、矿山数字化、矿山系统调度、矿山通信与人员定位、矿山地压与变形监测等方面取得了不少成果，促进了矿山企业的技术进步。

　　岩石力学在采矿设计中作用已引起各设计院的注意，把岩石力学的研究成果用于采矿设计中解决工程技术问题，已进行了有益的探索。

　　然而，在我国矿山设计工作取得很大成就的同时，当前仍存在以下问题。

（1）金属矿山建设周期长，达到设计生产能力的比例低。我国地下矿山建设周期长已成为矿山发展的严重障碍。据统计，我国大型露天矿的百万吨规模平均建设周期为0.848年，而国外露天矿百万吨规模平均建设周期为0.225年。我国大型地下矿百万吨规模平均建设周期为5.45年，而国外仅为1.15年，相差4~5倍。

目前，我国金属矿山系统共有黑色、有色矿数千座。截止2012年年底，国内铁矿石产量超过了8亿吨。根据对国内重点地下铁矿山的统计，矿山设计生产能力已经达到2亿多吨，而实际生产矿量仅为设计生产能力的50%左右。

由此可见，地下矿山的建设周期长，达到设计生产能力的比例低，已成为地下矿山可持续发展的重要影响因素，应引起业内人员有关部门的高度重视。

（2）易采、易选和接近地表的矿床已将开采殆尽，部分老矿山因矿产资源枯竭或因矿石难采、难选，出现产量衰减现象。我国黑色和有色冶金矿山有相当数量是在20世纪50~60年代建成投产，资源条件比较好。经过几十年的生产，由于后备矿石储量不足，矿山产量出现了衰减。目前，我国重点铁矿和地方骨干矿山已有33座处于产量衰减期。铁矿山的年衰减量达2300万吨，相当于每年有23座年产100万吨的铁矿山消失。有色金属矿山也有类似情况，如东北的华铜、石嘴子铜矿、桓成铅锌矿、河北的寿王坟、山西中条山胡家峪铜矿、甘肃的白银露天铜矿，生产能力已消失。

（3）劳动生产率低、矿石损失、贫化高。我国冶金矿山的劳动生产率和矿石的损失、贫化指标，与国外采矿工业发达的国家相比存在着较大的差距。国外地下金属矿山劳动生产率一般水平为3000t/（人·年），先进水平为12000t/（人·年）；而国内一般水平为600~1200t/（人·年），与国外相差2~5倍。在矿石的开采损失率和贫化率指标方面，国内也比国外高。我国地下金属矿山矿石损失率一般在15%~25%，有的高达40%~60%（尤其是空场法开采）；贫化率一般也在20%~25%。国外就使用损失、贫化率较高的无底柱分段崩落法矿山而言，其损失率在10%~15%以下，而贫化率一般不超过20%。

上述问题的改善和解决，在某种程度上应在矿山设计中优先考虑，采取适当的措施，贯彻到矿山建设和生产中去，加强管理，使我国矿山设计工作提高到一个新的水平。

0.5 矿山企业设计程序

矿山企业设计尽管需要编写很多章节及多专业的配合，但作为设计首先要解决着手点问题，很多人在开展设计时往往不知道从何处着手，因此，首先需要掌握矿山设计的一般流程：

地质资料（关键点）——→整理出影响采矿方法的因素——→开采条件分类——→各类型条件采矿方法确定——→生产能力论证确定——→开拓系统选择确定——→辅助系统配套——→确定基建工程量——→确定施工关键路——→安排基建进度计划——→概算及技经——→提炼形成总论——→正式绘制图纸、编写设计报告

1 矿山企业设计程序及基础资料

1.1 概 述

矿山企业设计工作是矿山基本建设的一个重要环节，做好设计工作、保证设计质量，对发展矿山的建设和生产具有重要意义。矿山建设属于生产性项目，一般均要经过研究决策阶段、建设前期准备阶段、组织实施阶段和生产阶段，如图1-1 所示。

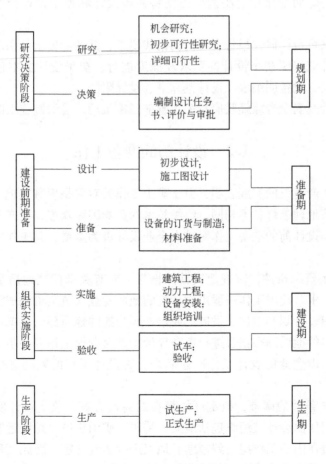

图 1-1 矿山建设阶段

　　根据国家、省及行业有关规定和管理办法，矿山企业设计工作必须坚持基本建设程序。在基础设计（开发利用方案等）完成的前提下，在对拟建矿山的地理位置、地质特征、矿产资源、交通、水、电、工程地质等各项基本条件调查清楚并完成可行性研究的基础上，再由设计单位编制初步设计文件。因此，从基本建设程序来讲，矿山企业设计属于规划期和准备期的一部分；从设计的任务和内容来讲，矿山企业设计属于建设的前期准备工作，是生产项目决策后的具体方案的论证和实施，是施工的主要依据。

　　广义的矿山企业的设计一般分为三个阶段来进行，即可行性研究报告编制（含前期的开发利用方案、相关评价报告及文件）、初步设计和施工图设计。对于采用新工艺、新设备、技术上特别复杂或缺乏设计经验的大型矿山企业，根据设计任务书的规定可分四个阶段进行设计（目前一般采用三阶段设计），即可行性研究报告编制、初步设计、技术设计（该阶段一般被合并在初步设计之中）和施工图设计。而对于中、小型矿山则将初步设计和技术设计合并，一次进行完毕。

　　矿山开采可行性研究报告有专门的格式要求，并按照要求的深度进行编制。

　　初步设计应按照初步设计的要求及深度进行，初步设计文本包括设计说明书、安全专篇、设备明细表、设计概算书、设计附图。

　　初步设计及安全专篇经政府相关主管部门审批后才能编制施工图。

1.2　设计前的准备工作

　　设计和生产建设的实践表明，由于矿山工作的对象是埋藏在地下的矿床，矿山地质和经济地理条件各不相同，组织技术的影响因素众多，矿产资源条件变化复杂。因此，设计前的准备工作对矿山企业设计极为重要，其工作内容和主要任务是：

　　（1）了解资源条件，审查地质勘探报告，向有关部门或地质勘探单位提出审查意见和要求。此项工作一般由设计院的地质专业人员负责完成。他们根据国家或地区的建设计划和对矿山发展的要求，到当地的地质部门或单位了解资源情况，对所提出的地质勘探报告进行审查评价，并对勘探工作进一步提出要求，使地质工作与矿山企业的设计工作联系起来，为设计工作的顺利进行创造必要的条件。

　　（2）建矿条件的调查，拟定可能存在的建设方案，收集设计所需的技术经济指标。该工作由设计院组织包括地质、采矿、矿山机电、总图运输、技术经济等各专业人员在内的工作组，到拟建矿地点进行实地考察，因此又称为现场踏勘或现场调研。其工作内容是：1）了解矿区地质、自然经济、矿产储量、矿床埋藏条件、开采技术条件、工程水文地质等情况；2）收集地区和当地的有关技术经济资料；3）了解可能进行的厂（矿）址布置场地；4）确定可能的多个初步开拓方案、井巷位置；5）初步拟订参加比较的采矿方法、开采顺序、开采深度以及内部、外部运输方案、供水、供电方案；6）初步协商可能的建设规模、生产能力，在此基础上向业主提出建厂（矿）条件报告并协商确定。

上述建矿条件报告也可以与可行性研究结合进行，但其深度和内容应能满足编制设计任务书和进行初步设计的要求。

1.3　可行性研究

1.3.1　可行性研究及其任务与要求

可行性研究是矿山建设前期工作的组成部分，是基本建设程序中的一个重要环节，既是建设项目的工作起点，又是之后一系列设计、评价工作的基础。其任务是对矿山建设和开发的主要方案（如矿山开拓、采矿方法、矿山生产能力等）的技术可靠性、经济合理性进行全面的分析、论证；通过多方案比较，提出综合评价和建设的可能性，从而作为投资项目的投资决策和编制设计任务书的依据。

可行性研究的技术依据需要完整的地质基础资料（地质勘探报告）和选、冶试验报告。

可行性研究应满足以下要求：

（1）供有关部门和业主进行投资决策，并作为编制相关评价报告及设计任务书的依据，这是可行性研究最基本的要求。

（2）确保所拟订的建设项目、生产规模、产品质量和销售价格具有企业经济和社会效益，产品进入市场具有竞争能力。

（3）外部建设条件和企业的建设资金按照相关规定基本落实。

（4）对所拟订的开采方案、生产过程能保证良好的安全条件和具有较高的劳动生产率，并符合国家的环境政策。

（5）所采用的工艺技术和主要设备先进、可靠，符合设计原则和国家技术经济决策。

（6）能节约投资、缩短建设周期，使矿山投产后能取得较好的经济效益。

（7）对设计方案的论证、技术决定的选择、投资估算、矿石成本和企业利润的计算，具有一定的正确性。

综上所述，可行性研究应该是依据充分、论证合理、内容完整、重点突出、结论明确，这样能供有关部门及业主作为决策依据，使矿山建设建立在可靠、稳妥的基础上，确保设计中的主要方案和技术决定经济、可行，在编制设计任务书和初步设计中不应有重大变动并使企业建成后具有明显的经济效益。

1.3.2　可行性研究的内容

可行性研究的内容因建设项目用途的不同而各有区别。研究一个生产厂的可行性，着重研究市场要求状况、建厂条件、工艺流程、产品质量、竞争能力、企业的经济效益等。而对矿山企业的可行性研究来讲，一般着重研究以下内容：

（1）确定产品用户、生产规模、产品方案、产量增长情况和发展远景。

（2）计算开采范围内的矿石储量、矿石质量。

（3）阐明矿床开采技术条件、水文地质条件、交通运输和动力供应情况。

（4）确定开采方式、开拓方法、采矿方案及主要技术经济指标。

（5）简述矿山是否分期建设及其理由。

（6）选择主要和辅助设备的类型，计算其所需数量并确定其供应来源。

（7）确定全矿职工人数、生活福利设施及工人住宅建筑面积。

（8）落实外部建设条件（供电、供水、通信和运输条件）。

（9）研究相关安全、节能及环保措施。

（10）进行投资估算，矿石成本、企业利润计算。

（11）进行综合技术经济评价及风险评价，提出存在问题，给出建设项目投资可行性的明确结论。

进行可行性研究时，无论投资估算或产品成本计算，均可采用扩大指标或类似矿山企业的成本指标，前者误差为±30%，后者误差为 10% ~ 15%。

1.4　设计委托书

设计委托书是编制初步设计的依据，是确定建设布局、建设规模、产品方案、主要协作关系和建设进度的重要文件。它是在建设单位（业主）审阅并被批准可行性 研究报告的基础上，以设计委托书的形式向设计单位进行设计委托。

设计委托书一般包括下列内容：

（1）建设目的。说明本企业对国家或本地区国民经济建设的重要意义以及本企业的作用。

（2）企业性质和建设地点。阐明该企业是单一企业还是联合企业及其组成；指明企业是新建、改造或扩建，说明拟建企业的地理位置、自然经济状况。

（3）建设依据。指明已批准的地质勘探报告、有关部门的批准文件、供水与供电协议（或者意向）、采矿权证件及范围。

（4）建设规模。产品方案、主要产品的种类和销售对象；按技术可能和经济合理的矿山年生产能力及服务年限。

（5）确定设计范围。明确设计内容范围，并确定设计文本界限。

（6）技术装备水平和建筑标准。根据企业的类型和规模、设备和资金的来源、确定本设计的装备水平和机械化程度、征地范围、住宅建筑标准、建筑面积。

（7）资金来源、投资限额。说明企业建设资金来源是自筹还是贷款，是引进外资还是国家拨款。

（8）企业的建设项目、建设程序以及设计阶段和提交设计的时间。如果是改造、扩建项目，还应指明改建、扩建工程的单项内容，原有企业的地质储量，固定资产及其可利用程度；明确设计文件提交时间，确定文件提交地点、提交份数及方式。

（9）其他。如资源的综合利用、分期建设的可能性、环境保护、技术引进等。

如上所述，设计委托书是给初步设计规定了概略内容和大致轮廓，对设计委托书中所阐明的原则、决定、工艺、方案，初步设计中必须遵循执行，未经建设单位的同意，一般不得随意更改。如做重大修改和变动，要有充分依据，做详细的论证，并提请建设单位及有关部门审批确定。

1.5 初 步 设 计

1.5.1 初步设计及其设计依据

初步设计是项目决策后的具体实施方案，是实质设计的第一阶段，设计的主要文件是施工准备的重要依据。它是在有关部门批准了可行性研究报告和正式设计委托基础上进行的。根据对拟建企业从整体到部分规定的基本内容，对建设项目中的设计方案和各项技术决定进行系统、全面的论证和计算，从而使设计更加切实、可靠。矿山初步设计依据如下：

（1）初步设计必须遵照国家规定的设计程序及批准的可行性研究报告（含相关主管部门规定的配备文件）和设计委托书的原则与规定。

（2）初步设计必须具备批准的地质勘探报告（对于水文地质条件复杂的矿山，还必须具备批准的水文地质勘探报告），以及地质地形图、气象和地震烈度等设计基础资料。设计者对此应认真研究，对其不足部分或存在问题应及时提请建设单位解决，以保证设计的顺利进行。

（3）属于改建、扩建的矿山还必须具有矿山现状的资料，包括生产规模、采掘计划、原有设备、设施清单及其技术鉴定资料。

（4）各种协议材料和有关部门的指示及批复的文件。

（5）国家对矿山设计相应的各种相关法律、法规、行业规范等文件。

1.5.2　初步设计的任务

初步设计的任务大致如下：

（1）阐明与论证拟建矿山企业在规定地点和规定期限内进行的合理性。

（2）确定矿山建设的重大方案、工艺技术，并论证其技术上的可行性和经济上的合理性。

（3）保证能正确地选择工业场地、水源、电源、主要材料的来源和消耗；确定建设的总费用以及企业的技术经济指标。

因此，初步设计要体现国家建设方针、政策，符合产业发展方向、切合矿山实际，尽可能采用先进技术，保障安全并具有良好的经济效益。

1.5.3　初步设计的内容和深度要求

初步设计在内容上和深度上比可行性研究更广泛、更全面，应能满足以下基本要求：

（1）主管部门的审批。

（2）控制基建投资和编制基建进度计划。

（3）主要设备的订货和主要材料的预安排。

（4）筹建矿山和征购土地。

（5）基建施工和企业的生产准备。

（6）指导和满足编制施工图。

初步设计文件包括设计说明书、安全专篇、设备明细表和图纸四部分。设计文件的编制根据矿山规模的大小、企业组成、装备水平和工艺过程的繁简程度可以有所不同，但对贯彻有关建设的各项方针政策、方案的选择确定、技术经济计算等，应做到论证充分、计算精确、文字通顺、语言简练、标点符号齐全。

1.5.4　地下开采初步设计

地下开采初步设计的文字部分内容详见有关设计规范要求，其有关采矿部分的叙述内容及深度介绍如下。

1.5.4.1　总论

地下开采初步设计采矿部分说明一般包括：

（1）地理交通位置与隶属关系。简述矿山企业的地理交通位置、隶属关系和区域经济地理概况。

（2）设计基础资料。阐述本设计主要设计的基础资料；阐明设计的指导思想，贯彻党的方针、政策情况，资源条件，执行设计任务书规定的原则及上级机关的指示概况。

1）详细勘探地质报告（包括详细勘探水文地质报告）以及有关储委批准的决议书；

2）采选等工艺试验报告以及必要的评审意见书；

3）供水、水文、工程地质勘探报告；

4）气象、地震资料及经审批的环境评价等报告；

5）地形图；

6）水、电、交通、燃料、原料协议或者意向书；

7）主要设备资料及报价；

8）如为改建、扩建企业，还须现场实际生产资料、实测建筑物、构筑物资料、图纸和设备清单等资料。

（3）建设条件。简述燃料、原料条件、工艺流程的可靠程度，公用设施与施工条件，环境与征地拆迁情况等；对于改建、扩建企业，需说明其现状、特点及主要建构物设施与主要设备的利用情况。

（4）工程概况及主要技术经济指标。简述设计规模、服务年限、矿区选择、厂址选择、工艺生产流程、产品方案与用户、技术装备水平、环境保护、辅助设施标准、设计分工与协作关系以及其他重要的问题；简述基建投资、主要工艺流程、三材消耗量、产品成本、经济效益等主要技术经济指标和建设进度安排。

（5）需要说明的其他问题与意见。

1.5.4.2　技术经济

技术经济部分一般包括：

（1）技术经济方案比较及论证。初步设计中如有综合性方案比较工作，则应编写其内容。

1）概述。说明提出方案的理由，各方案的技术条件，方案比较的原则、内容和基础资料。

2）各方案的经济计算和比较。进行各方案的投资估算；年经营费计算；选择合理的方案比较指标并进行计算。

一般方案的比较计算到采选的最终产品，必要时应计算到冶炼。

3）各方案的评价。根据各方案的特点，列出各方案在技术经济上的优缺点、各项实物指标、货币指标及其他指标和企业建成后的社会、环境效益等的综合比较表，通过分析对比，选出推荐方案。

（2）设计企业的职工定员和劳动生产率计算。

1）设计企业的职工定员。说明编制设计企业职工定员的原则、依据、职工定员分类；说明企业采用的工作制度；根据企业工作制度、职工出勤率，计算出在册人员系数；根据各生产工段的各工种、各班次的昼夜出勤人数以及在册人员系数，计算出生产工人在册人数、设备非生产人员，并编制设计企业的职工定员表。

2）劳动生产率计算与分析。设计中只计算直接生产工人和全员的实物劳动生产率。

随采选联合企业应分别计算采矿系统和选矿系统的劳动生产率，采矿生产人员计算至选矿的原矿仓前止，选矿生产人员计算到精矿仓止。对采选联合企业的辅助生产人员和管理人员应根据采矿和选矿的不同作业量进行计算。

计算的劳动生产率应与类似企业的实际劳动生产率指标或者设计劳动生产率指标进行对比和分析，对改、扩建企业，还应与本企业改、扩建前的劳动生产率进行对比和分析，说明设计企业的劳动生产率状况及存在的问题，提出提高劳动生产率的途径。

（3）设计产品成本的测算和分析。

1）设计产品的成本测算。说明设计产品成本的测算范围和原则；说明设计产品成本测算取用的各种价格、费用率的依据；根据产品成本项目计算格式，按照生产过程所发生的各项费用，列表测算设计产品的单位成本或者年成本；也可根据设计企业的复杂程度和分析需要，按生产工艺流程，分析计算各作业的直接成本，然后计算车间成本或工厂成本。

当设计企业生产多种产品时，如各种产品的工艺流程各成独立系统，则分别按照成本项目计算各种产品的成本；若主产品的工艺流程生产出副产品，则先计算出产品的总成本，然后按照每种产品产值的比例，计算出各种产品的成本。

2）设计产品的成本分析。根据测算的设计产品成本，与类似企业的实际成本或设计成本进行对比和分析，必要时还应进行与部门平均成本进行对比。对改、扩建企业的设计产品，应与本企业改、扩建前的产品成本进行对比和分析。通过分析，说明企业的产品成本是否合理，并分析其原因和提出降低成本的途径。

（4）设计企业所需总资金。

1）概述。说明设计企业所需总资金（包括建设投资和流动资金）的来源。

2）基建投资。说明设计企业基建投资所包含的范围；根据设计概算资料列出按工程项目划分（也可按专业划分）的概算表，研究各工程项目（或专业）投资的比重情况；对改、扩建企业的已花投资和固定资产净值，在设计中利用原有固定资产、拆除设备和实施的费用进行评述；根据建设进度安排，估算各年度的基建投资额；根据逐年基建投资额计算逐年的贷款利息；根据设计企业建设所需要投资与类似企业的资料进行比较、分析，说明企业建设所需要投资的合理性，提出降低投资的途径。

3）流动资金。说明确定流动资金的依据，根据流动资金的贷款利率，计算流动资金的利息。

（5）企业建设的经济评价。

1）经济计算的依据及基础资料。说明进行比较计算所采用的资料依据及各种条件。

2）经济计算。根据经济计算资料进行以下计算：实现利润或销售利润计算表；资金平衡预测表；现金流量表。

3）不确定性分析。由于经济计算中所采用的数据大部分来自预测，包含着各种不确定性因素。因此，需要采用敏感性进行分析，必要时也可进行盈亏平衡分析（以上应采用动态法计算）。

4）设计企业的综合评价。根据以上计算的各种经济指标以及技术指标，企业的特点和企业建成后对社会、环境的效益来说明企业建设的必要性、技术和经济上的合理性；并提出建设中存在的问题和提高经济效益的措施。

（6）设计企业的主要技术经济指标。对企业进行建设投资效果的分析和评价；产品成本计算和成本分析；进行劳动生产率分析；确定矿山企业的职工定员；编制主要技术经济汇总表。

1.5.4.3 地质

地质部分包括：

（1）对提供设计依据的地质资料进行评述。详细研究和充分掌握设计依据的地质资料，从满足矿山建设设计再到确定矿山生产规模、产品方案、开拓方案、矿山总体布置和矿山建设远景规划、矿床开采技术条件及矿石选矿性能等方面的要求出发，并以国家现行的矿产勘探规范（规程）为标准，对矿床的勘探和研究程度、地质资料的完整程度、可靠性等做出评价。

1）地质资料依据及审批情况。说明设计所依据的地质资料性质，勘探单位及工作的简要过程，审批单位及主要审批意见。

2）矿床（体）勘探程度。矿区勘探范围，矿床勘探类型、勘探网度、勘探方法、手段，各阶段勘探工程量及相应的综合研究程度。通过地质统计分析，着重对矿床勘探类型、网度的合理选择和勘探工程的具体布置形式以及对勘探范围的合理规划等做出评价。

3）矿体（层）控制程度及矿区各级储量比例。

设计开采范围内矿体的形态、厚度及空间位置的控制程度及其是否达到各级储量的相应要求，矿体（层）边界及深度的圈定能否满足正确确定地下开采合理选定开拓工程位置的要求。

主矿体上部及邻近的、特别是属初期开采地段具有工业价值的小矿体的控制程度和研究程度是否符合要求。

对矿体形态、产状、空间分布及连续性起控制作用的主要褶皱、断裂等构造是否查明，特别是对矿体完整性及连续性有破坏作用的及对采区划分与开拓系统布置有较大影响的褶皱、断裂、破碎带等是否有足够的工程控制，其控制程度与研究程度是否满足要求，其他较小的断层、破碎带的基本产状、分布范围和发育规律及其对开采的影响程度是否已做出了充分的研究。

　　勘探范围内各级储量计算块段划分及计算方法是否合理、计算参数的确定及计算结果是否正确，特别是矿区初期开采地段的各级储量的比例关系及其分布是否合理。

　　4）矿石物质组分、类型、品位及选冶性能。说明矿石物质组分、类型、品位及选冶性能、选矿试验情况等。

　　5）矿床开采技术条件。阐明矿体及围岩坚固性、稳固性的研究和查明程度；重点评述对矿岩稳定性有影响的断层、破碎带等；矿石和岩石的物理力学性能及试验成果的可靠性；矿体顶底板围岩和夹石的物质组分以及对人体和环境的有害的物质成分及其污染源的测定情况；矿区环境地质条件是否已做了充分评价；地震活动区有关地震资料的收集和评述。

　　6）主矿种中具工业价值的伴生组分和主矿体上、下盘围岩中共生矿产的综合勘探和综合评价。

　　7）勘探工作质量评价。地形测量，填图及勘探工程量及其精度，物化探及其质量；采样、化验和岩矿鉴定工作及其质量；钻探和坑探工程质量评价。

　　8）已完成的矿床地质勘探工程量及勘探投资汇总表。

　　9）地质资料的完整性和可靠性。

　　10）对提供设计依据的地质资料结论性评价及对下步地质工作的建议。

　　(2) 矿床区域地质。

　　1）矿床在区域地质中的位置及其构造特征。

　　2）区域内出露的主要岩层、岩性及其分布，岩浆岩活动及变质作用。

　　3）区域成矿地质条件，主要矿产和利用情况。

　　(3) 矿床地质特征。

　　1）矿区地层。

　　2）矿区构造及其规律。

　　3）矿床规模及其特征。说明矿床的规模、数量、矿带特征、埋藏条件和出露情况、空间位置、分布规律及其相互关系；重点研究区内矿体产状、形态、长度、延深、厚度以及沿走向和倾向的变化规律；主矿体周围小矿体发育及相互关系；矿体内夹层岩性、厚度、形态、产状、数量及其空间分布规律。

　　4）矿床成因、成矿控制因素、矿化富集规律及进一步远景的可能性。

　　(4) 矿石质量和计算。重点说明以下几方面：

　　1）矿石的矿物组成及其分布规律。

2）矿石的自然类型、工业类型、工业品级的划分及其分布特征。

3）开采范围内各采区、各中段、各最小开采单元（矿块）内的各品级矿石有益及有害组分的平均品位及其变化规律的估值方法、估值结果等。

4）矿体顶底板围岩和夹石的主要组分含量及其变化规律，以及对贫化的影响。

5）根据矿石质量的数理统计或地质统计分析结果，对矿山生产的矿石产品方案、质量控制、综合利用及是否需要采取中和措施等提出建议。

（5）矿床开采技术条件。

1）矿体及其顶底板岩石的稳固性。

2）褶皱、断裂、破碎带、节理裂隙的特性、发育情况、分布状况等。

3）已采老硐、溶洞、泥石流、滑坡、塌陷、地表沉降等水文地质、工程地质条件及其对稳定性的影响；最高洪水位。

4）矿体于围岩的物理力学性质研究及其参数的确定。

5）环境地质评价。

6）地震活动区的地震烈度评述。

（6）矿石储量计算。

1）地质报告中矿石储量计算的工业指标、计算方法结果及主管单位审批的结论性意见；设计中采用的矿石储量计算工业指标及其技术经济论证结果。

2）设计中矿石储量计算方法、计算参数的选择及其依据。

3）按最小开采单元划分的储量计算块段的划分原则及采场内外各级别、品级矿石量、岩石量及夹石量的计算成果。

4）设计计算的矿量与地质报告计算的矿量对比及其准确程度评述。

5）有关储量计算中需要说明的问题。

（7）矿山基建地质和生产地质设计。

1）矿山基建地质。说明基建地质工作目的、任务和范围；确定基建地质勘探工程量及其投资。

2）矿山生产地质。

阐明生产过程地质、测量工作的目的、任务、机构、人员配置，根据矿体地质特征及矿体各项区域化变量的地质统计分析研究结果，结合开采设计的要求，确定生产勘探和生产地质的原则、方法、手段、工程布置间距及其年工作量，并编制生产勘探工程布置图。

确定和计算各类矿山地质工程的试样采取原则，取样方法、化学分析及矿岩分析种类、元素项目及其年工作量。

确定矿山生产地质勘探设备、仪器及其数量；编制购买设备、仪器和工程施工等项目的概（预）算。

（8）水文地质。

1）矿区地面防水。说明地形地貌、水文气象资料，交代已经开展的矿山探水、防水勘探，水文研究状况。

2）矿区水文地质。包括设计依据的水文地质资料的分析与评价，提出存在的问题，分析这些问题对开展矿山设计的影响以及主要采取的措施；说明并分析含水层、隔水层状况及控制情况；充水因素、水的排泄与补给；计算地下开采矿坑涌水量等。

3）矿床疏干及矿区水文监测。

1.5.4.4　开采方式选择及开采范围和顺序

如露天开采和地下开采界限不明显时，应进行开采方式的选择和比较。根据矿体赋存条件、分布范围和勘探情况，阐明矿床开采范围和开采顺序。

1.5.4.5　矿山工作制度和年生产能力、服务年限

（1）矿山年产量验证。在矿山企业设计中，对于年生产能力在上级机关（建设单位）下达的设计任务书中已明确规定的，设计者的任务是校验设计任务书中所规定的年生产能力确定得是否合理，不合理时提出建议产能并与上级机关（建设单位）协商确定。任务书中未规定生产能力时，需要按照相应论证方法进行产能论证并确定。

矿山年生产能力的校验（论证）方法：

1）按采矿方法的矿块生产能力及可能的同时回采矿块数进行校验（论证）；

2）按矿床年下降速度进行校验（论证）；

3）按经济合理的服务年限进行校验（论证）；

4）按及时准备新阶段进行校验（论证）。

（2）矿山服务年限。

矿山服务年限=矿山正常生产年限（即达到设计规模的生产年限）+矿山建设初期阶段产量发展年限+矿山生产结尾阶段产量下降年限。

（3）矿山工作制度。确定矿山年工作日、日工作班数、班工作小时数。

1.5.4.6　矿床开拓

确定开采范围、井田尺寸、开采顺序；圈定地表陷落带和岩层移动界限；说明阶段高度及其划分依据；进行开拓方案的选择与比较；分期开采和分区开拓时，还应说明其界限和衔接关系。

确定主要井筒位置坐标、规格、主要井（硐）口标高。

（1）矿区地形地质特征。说明矿床上部地表和拟建矿山工业场地标高的关系，简述地形地貌和山谷、河川、湖泊、洪水位标高等对开拓的影响；说明矿体赋存情况、水文地质条件、储量及质量分布以及围岩种类、岩性。

（2）开拓方法的选择。论述外部运输条件、运输系统和工业场地位置；论

述该矿可能的几个开拓方案特点及技术经济比较结果，推荐方案及理由；对推荐的方案进行叙述。

（3）岩石移动界限的圈定。说明上盘、下盘、端部移动角选择依据，移动范围圈定；说明影响范围内需要保护的对象及保安矿柱的圈定；有山区崩落危害应特别说明，并确定其范围。

（4）阶段高度及阶段巷道布置。

1.5.4.7　基建工程量和基建进度计划

阐明基建工程给定原则和范围，指明全部开拓、采准及切割巷道、硐室工程技术规格、支护形式及工程量；编制基建进度计划；阐明编制基建进度计划的依据，如施工方法、掘进效率、施工方案等计算基建工程量；编制基建进度计划（表格形式）。

1.5.4.8　采矿方法

阐明采矿方法选择的依据，进行采矿方法方案比较，选择技术可靠、经济合理的采矿方法；确定采矿方法和矿柱回采的构成要素、工艺过程、采准工作量计算、选择回采方法、凿岩爆破、装药结构、起爆方法及所采用的设备和数量；确定回采的技术经济指标、矿石的损失率和贫化率。

论述地压处理方法；编制采矿进度计划。

（1）矿床开采技术条件。简述矿体产状、走向、倾角（不同角度时统计各种角度占百分比），矿体厚度（如因厚度不同而采用不同采矿方法时则应分别统计）、走向长度、倾斜深度、埋藏标高，矿石类型、结构、主要成分的平均含量和各种矿物的空间分布。

说明上、下盘围岩、夹层、表外矿的岩性及有益、有害成分含量、空间分布、硬度及稳定性，以及对采矿方法有利和不利的影响因素。夹层有无可能剔除，剔除厚度的确定。多层矿时是分采或混采的原则，较贵重矿石有无按品位分采分运条件。

（2）采矿方法选择。根据矿床的开采技术条件，说明可能采用的采矿方法并论证其优缺点，必要时做综合技术经济比较，确定采矿方法的同时，应确定矿柱回采方法及采空区处理方法。

当设计采用两种或两种以上的采矿方法时，应分别计算其所占储量及采出矿石百分比。

（3）采矿方法的构成要素。根据所采用的不同采矿方法，分别说明阶段高度（分段高度），矿房、矿柱尺寸，分段崩落采矿法的进路间距等的确定和布置原则。

说明与采矿方法有关的井、巷、硐室布置原则，矿块及矿柱开采顺序，上下阶段（或分阶段）采矿超前距离，采场通风方法，确定采矿设备及采场生产能力（必要时分矿房、矿柱回采、局部放矿、大量放矿列出）、全矿需要同时采矿的工作面数和备用工作面数。

（4）矿石损失及废石混入。确定矿石的损失率及废石混入率，计算采出矿石品位及采出矿石质量。

（5）回采工作。

1）矿石开采量的分配。计算出采准出矿量和回采出矿量占矿石年产量的比例，并确定回采矿量中矿房和矿柱所占比例。

2）回采工作计算。说明崩落矿石的方式和顺序；炮孔直径和炮孔布置；凿岩设备和钎头直径、形式，凿岩机生产能力、装药和爆破工作；爆破后的工作面通风；大爆破的注意事项。

3）采场搬运与放矿。放矿顺序、数量、时间和方法；二次破碎的大块量与方法；规定的出矿原矿块度；采场搬运设备的选择和生产能力。

4）矿柱回采。说明矿柱回采方法的特点、矿柱与矿房回采的工作关系、采用的凿岩设备和爆破方法、搬运设备和生产力能力。

5）采空区和顶板管理。说明采空区处理和顶板管理方法，如观测方法、采用设备器材及工作量等；用崩落采矿法采矿时顶板可能涌入大量泥水时的对策；顶板管理注意事项。

6）主要设备及材料消耗量。列表说明回采需要用各种设备及主要材料消耗量。

（6）采准工作。

按所采用的采矿方法（包括矿柱）按标准矿块（如矿体厚度变化大，不可能全矿只用一个标准矿块代表时，也可考虑分区段或分阶段统计）计算采矿准备工作量，分期计算方法可按吨采准计算，并根据矿床的地质构造情况考虑过断层、巷道弯曲以及预计不到的情况的系数。

除采矿方法所包括准备井巷外，有些为新水平准备的，如井筒延深、新石门及主要运输平巷开拓、硐室等，也是为生产准备的，同样需计算其工作量。

除采矿法所包括在内的巷道外，需增加的生产坑探工程，也需要计算其工作量。

根据以上三项经常性的准备工作，按不同类型、不同掘进速度计算正常生产需要的掘进设备和人员，计算掘进材料消耗。

（7）充填设施（采用充填法采矿时）。

1）略述充填材料的选择，充填材料的物理性质、化学性质、充填材料的来源。

2）确定充填材料的制备方法，运输及储存方式、设施。

3）确定充填系统及布置系统、充填工艺。

4）确定充填用水量及供水方式、废水处理。

5）列表说明充填系统所需要的设备、材料。

（8）生产采掘进度计划。确定各矿体、各中段、矿块的开采顺序、生产过程中正常的超前关系、各种采矿方法出矿比；阐明是否需要进行配矿开采；验证年产量，提出投产和尽快达到设计年产量所采取的措施；排产一般排到达到年产量后 3~5 年，并计算生产矿量及保有期。

（9）爆破材料设施。

根据正常年产量所需的爆破材料，计算日和年的消耗量，确定炸药总库及炸药分库的容积以及相应的爆破器材库及其组成。

确定使用的炸药类型；根据地方材料供应情况进行经济比较，叙述是否需要建设炸药加工厂，如需要建设炸药加工厂，则应按"炸药加工设计"增加有关章节，并选定其工艺流程、日生产能力（加工厂厂址与总图协商选定）。

1.5.4.9　井下运输

运输系统、运输方式的选择；阐明人员、物料的运输方法和依据；线路的技术条件；运输设备的选择和计算；验证井底车场的通过能力，确定材料消耗和运输组织及人员配置。

1.5.4.10　矿井提升

结合开拓系统和提升任务，确定提升方案、提升设施的装卸方式和车场设施；计算、选择主提升设备和辅助设备，验算提升能力；确定装卸矿仓的有效容积及其装置；粉矿回收设施；如采用井下破碎站时，还应论证其合理性。

1.5.4.11　矿井通风

选择矿井通风系统和通风方式；确定与计算矿井通风不同时期的总风量和负压，进行风量分配，选择扇风机；确定局部通风方式和反风装置，防尘的检测及化验设施；高寒地区还应说明空气预热和防冻措施。

1.5.4.12　压气设备

确定压气机房的设置原则；根据用户分布地点和数量，计算全矿耗气量；选择压气机的型号、台数及其附属设备；确定压气机房和冷却系统的配置，计算和布置压气管网。

1.5.4.13　矿井供、排水

阐明水源和矿坑水的特征、水量和化学性质；确定矿山供、排水方式和系统排水标高，选择设备，计算管网；确定水仓容积及其清理方法。

1.5.4.14　矿山供电与通信

阐明矿区供电来源、线路、电压等情况；确定配电系统的结构，各用户的高、低配电电压；确定地面、井下变电所，供电线路、输配电电压及主要配电设备；选择井下照明电压及其设备；确定矿山通信方式，进行井上、井下通信设计。

1.5.4.15　安全技术及环境保护

预计井下可能发生灾害的原因及其防治办法，所需设备、仪器（如防尘、防火、防水、防止有害气体与放射性辐射、爆破效应、顶板观测等措施）；确定劳动组织；设置专职或兼职人员；制订个体劳动防护措施。

1.6　施　工　设　计

施工设计又称为施工图设计，是两阶段设计的第二阶段，它是在批准初步设计的基础上进行编制的。其目的是按各项工程和部件，通过详细绘制施工图，把设计意图和内容变成施工文件和图纸，根据施工文件和图纸进行企业的施工建设。

1.6.1　编制施工图的条件

编制施工图应具备以下条件：

（1）初步设计和所附的概算已获上级领导部门批准。

（2）主要设备和材料均已落实，并具备主要设备的安装资料。

（3）所有勘探工程和工程地质资料已全部完成。

1.6.2　施工设计的主要任务

在施工设计阶段主要要完成以下工作任务：

（1）必须对初步设计中的主要项目和技术决定进行详细的复核和验算。

（2）编制构筑物和建筑物的结构详图及其附件，并使建筑物和设备图相适应。

（3）编制施工图和施工安装图，如竖井施工安装图。

（4）完成总平面图的连接，即解决工业场地上建筑物与构筑物的布置；解决道路、输电线路、通信设备、上下水道及其他干线的定线；场地的平整，住宅区和邻近工程的布置与选择，使这些工程与总的地形控制点连接起来。

（5）采矿部分。制作矿山重要井巷的支护与装备详图、井巷连接处的结构与支护详图、各硐室的结构详图、通风构筑物的详图等。

此外，还应把井下巷道在各平面图上的相互联系以坐标形式最后确定下来。将阶段的矿体划分为矿块，把矿块划分为矿房、矿柱，必要时还要编制一个矿块的采矿方法施工图。

1.6.3 编制施工图的注意事项

编制施工图时，不得与初步设计的原则和方案相违反，如有变动或修改，必须报请上级机关及业主批准或同意。在未经上级机关同意前，仍应按初步设计所确认的原则进行。

施工图可按工程项目分期、分批完成，并分期交付施工单位使用，以保证建设进度计划的实现。但在条件许可时，可以采用标准设计或类似工程的施工图，这样可大大节省人力和时间，加快设计进度，使建设项目能及早投入生产。

为保证施工质量，总结经验和成果，以及发现设计中存在问题并及时改进和解决，设计部门还需派出有关专业技术人员到现场进行施工技术服务，施工设计不需上级机关批准，只要设计单位技术负责人签字并加盖设计单位出图章后，就可用于施工。

1.7 设计基础资料

设计基础资料是设计的重要依据，基础资料的可靠程度和完整与否对设计质量影响很大，甚至会引起技术上的差错，给矿山企业经济带来损失。因此，在设计中要十分重视基础资料的搜集、审查和评定工作。

设计所需的基础资料主要包括地质勘探报告，技术经济资料，气象、工程地质资料以及有关协议等文件。

1.7.1 地质勘探报告

地质勘探报告是设计所需地质资料的主要来源，也是可行性研究、编制设计任务书和初步设计的重要依据。

地质勘探报告必须经上级领导部门批准。大型矿山由国家发改委组织有关部门审批，中、小型矿山由省、自治区有关部门组织审批。

对地质勘探报告要求的主要内容如下：

（1）矿区的构造特征。矿区的构造包括成矿前、成矿后的褶皱、断层、裂隙和破碎带等。成矿前的构造既是岩浆和矿液的通道，又是矿液储存场所。因此，它控制着矿体的形成、规模、产状、形态等一系列特征。成矿后的构造对矿体的形态、产状起破坏作用，因此，勘探阶段必须用探矿工程加以揭露和控制，查明其特征，并在地质勘探报告中予以阐明。

（2）矿体的地质特征。矿体的地质特征一般指矿体的产状、规模、形态和空间位置。矿体的地质特征是拟订矿山生产能力及其相应的服务年限，选择开采方式、开拓方法、采矿方法方案，确定采准巷道布置的重要依据。

地质勘探报告一般应阐明矿体空间位置，分布规律，矿体的形态、大小、数目，矿体沿走向的长度、厚度、倾角、埋藏深度及其沿走向、倾向的变化程度。

（3）矿石的质量特征。矿石的质量特征包括矿石的类型和品级，矿石的主要和次要的物质组成，矿石的结构，有益、有害伴生元素含量及其变化规律。它们是确定矿石加工技术性能、产品方案以及综合利用的依据，在地质勘探中必须查明并在勘探报告中全面反映。

（4）矿床开采技术条件。矿床开采技术条件主要是指矿石、围岩的物理力学性能，如矿石、岩石的密度、抗压强度、湿度、松散系数，围岩和矿体的构造、裂隙、节理发育程度对矿岩稳固性的描述。

（5）矿区水文地质。要求查明矿区充水因素、地下水源的补给来源、通流排泄条件；查明含水层的性质、层厚、埋深、分布范围、渗透系数、单位涌水量，老硐积水情况；查明地表水体分布及地下水力联系等情况。

对水文地质条件复杂的矿床，应有专门的水文地质报告。

地质勘探报告除上述内容外，还应附有 1/2000 或 1/1000 的矿区地质地形勘探工综合图、1/1000 勘探剖面图（全套）、中段储量计算图。对缓倾斜矿体应有矿体顶板等高线图。

1.7.2　技术经济资料

设计中方案的技术经济比较、职工定员、经济概算书的编制均需要经济指标。经济指标的来源与误差将影响方案的选择，造成投资项目的节约与否。因此，经济资料的收集工作，对矿山设计工作来讲至关重要。

根据建设对象的不同，技术经济指标的收集各有所侧重：

（1）新建矿山应搜集的经济资料的内容：地理经济情况，地区工业发展概况，农业生产，水、电、燃料的来源，劳动力和"三材"的供应情况；地区和类似矿山的劳动定额、生产指标、工资标准、材料价格、运输单价等。选用定额指标时，应取正常生产年限的平均先进指标。

（2）对改建矿山除上述资料外，还应查明：房屋和设备的利用情况；原有巷道的可利用程度；矿山生产的技术特征及其存在的问题；各种定额指标的合理性分析。

1.7.3　气象、工程地质资料

气象包括常年气温的变化、年最高和最低温度、年平均温度、年降雨量和降雪量、雪季和雨季长度、矿区主导风向和风速、历史最高的洪水位。山区还应有山洪暴发、雪崩的资料。

工程地质方面要了解当地土壤性质、土层厚度、地下水位的高度、冬季冻土层的厚度。对有地震影响的地区，应有地震烈度等资料。

1.7.4 有关的协议

矿山企业与附近厂矿部门有着广泛的联系与协作，常通以协议的方式把这种关系固定下来，有关的协议包括：

（1）与铁路、公路、港口、码头管理部门订立接轨和货物运输协议。

（2）与电力部门订立供电协议。

（3）与当地政府协商水源、污水排除和尾矿坝、工业场地、住宅区征购土地的协议。

（4）与通信单位订立企业对外电话联系的协议。

（5）与当地公安机关协商炸药库位置的协议。

1.8 矿床勘探程度和储量级别

1.8.1 矿床勘探程度

矿床勘探程度是指矿山建设前，对整个矿床的地质和技术经济特点研究的详细程度。它是针对矿床的形成、发展和变化，矿体的地质特征及其在工业上利用价值等问题，通过探槽、探井、坑探等不同的勘探手段和不同内容的地质编录及研究工作的综合反映，地质勘探程度越高，对矿床的控制程度越精确，对矿床的了解越深刻。矿床勘探程度表征了对下列工作的了解程度：

（1）对矿区内主要矿体的成矿规律、产状、规模、形态变化以及矿体分布范围、储量级别和远景储量分布特征等的了解。

（2）对矿床开采技术条件，即矿石和围岩对开采的影响，特别是对断裂、构造发育、破碎严重的矿石和围岩物理力学性质的了解。

（3）对矿石质量及其变化规律，包括矿石中有益、有害组分和伴生元素的变化及矿石加工技术性能的研究。

（4）对水文地质条件，包括含水层的性质、分布；水源补给和可能最大涌水量对矿床开采影响的研究与了解。

总之，勘探程度代表勘探时期的地质工作对整个矿床控制和了解的程度。勘探程度越高，控制越细，了解越透彻，因而作为设计依据的地质资料越可靠。

根据矿体的规模大小、形体形态的复杂程度、构造的复杂程度、有用组分分布的均匀程度、矿化的连续性和矿体厚度的稳定性等因素来划分铁矿床和有色金属矿床的勘探类型，分别见表1-1和表1-2。铁矿床勘探网度见表1-3，铜矿床勘探网度见表1-4。

表 1-1　铁矿床勘探类型划分

勘探类型	矿床特征	所需的储量/万吨	各级储量的比例		
			探明的（B）	控制的（C）	推测的（D）
I	矿体规模大型或超大型，厚度稳定，矿石有用组分分布均匀，矿体形态和构造均简单的巨大矿床	5000 以上	15~20	35~70	9~10
II	矿体规模大型，厚度稳定，矿石有用组分分布较均匀，但共生组分和后期构造均为中等复杂程度，夹层较多的似层状沉积矿床	1000~5000	15~20	35~70	9~10
III	分布面积较广，规模小，品位分布均匀或不均匀，形状复杂或较不规则的透镜状、脉状和囊状矿床及由构造破坏的层状矿床	200~1000	0~15	60~90	10~30

表 1-2　有色金属矿床勘探类型划分

勘探类型	矿床特征	矿山规模/t·d⁻¹	所需的储量/万吨	各级储量的比例		
				探明的（B）	控制的（C）	推测的（D）
I	矿床规模大型或巨大型，形状简单或较简单，层状或似层状，厚度稳定或较稳定，品位分布均匀，构造对矿体影响小或中等的矿床	5000 以上	3500~5000 以上	10~15	75~90	0~10
II	规模大或中等，形状中等或较复杂，含矿层厚度稳定或不稳定，延伸长的条带状和透镜状矿体，品位变化较稳定的矿床	1000~5000	150~3500	5~10	75~90	0~20
III	形状非常复杂，构造影响中等或明显，品位不稳定的管状和竖立囊状矿体以及分散的小矿床和小透镜体；除少数矿床外，一般规模较小的矿床	150~1000 以上	50~200	—	50~80	20~50

表 1-3　铁矿床勘探网度

勘探类型	勘探网度/m			
	探明的（B）		控制的（C）	
	沿走向	沿倾斜	沿走向	沿倾斜
I	200	100	400	200~400
II	150	75	200	100~200
III	—	—	100	50~100

表 1-4 铜矿床勘探网度

勘探类型	勘探工程	勘探网度/m			
		探明的（B）		控制的（C）	
		沿走向	沿倾斜	沿走向	沿倾斜
I		100～120 穿脉间距 80～100	50～100 中段高度 80～100	200～240 — —	100～200 — —
II	钻孔坑道	60～80 穿脉间距 50～60	50～60 中段高度 40～60	120～160 穿脉间距 100～120	100～120 中段高度 80～120
III		— 穿脉间距 40～50	— 中段高度 30～40	80～100 穿脉间距 80～100	60～80 中段高度 60～80

1.8.2 矿石储量和储量级别

矿石储量是指矿石在地下的埋藏量。储量是地质勘探工作成果的具体体现，是矿山企业确定年生产能力的重要依据。它依赖于矿体的存在、数目、规模、大小和矿石质量及其变化规律，同时与勘探程度、储量计算方法密切相关，它是评价矿床工业利用价值的重要因素。

1.8.2.1 现行储量分类

根据当前技术经济条件和考虑远景发展的需要，实现与国际分类系统接轨，突出矿产资源的经济内涵，以矿产勘查所获得的不同地质可靠程度和经相应的可行性评价所获得的不同的经济意义为固体矿产资源/储量分类的主要依据，可将固体矿产资源/储量分为储量、基础储量、资源量三大类 16 种类型。

（1）储量。储量是指基础储量中的经济可采部分。在预可行性研究、可行性研究或编制年度采掘计划当时，经过了对经济、开采、选冶、环境、法律、市场、社会和政府等诸因素的研究及相应修改，结果表明在当时是经济可采或已经开采的部分。储量是用扣除了设计、采矿损失的实际可采数量表述，依据地质可靠程度和可行性评价阶段不同，又可分为可采储量和预可采储量，具体有以下 3 种类型：

1）可采储量（111）是探明的经济基础储量的可采部分，是指在已按勘探阶段要求加密工程的地段，在三维空间上详细圈定了矿体，肯定了矿体的连续性，详细查明了矿床地质特征、矿石质量和开采技术条件，并有相应的矿石加工选冶试验成果；已进行了可行性研究，包括对经济、开采、选冶、环境、法律、市场、社会和政府等因素的研究及相应的修改，证实其在计算的当时开采是经济的。计算的可采储量及可行性评价结果可信度高。

2）预可采储量（121）是探明的经济基础储量的可采部分，是指在已达到勘探阶段要求加密工程的地段，在三维空间上详细圈定了矿体，肯定了矿体的连续性，详细查明了矿床地质特征、矿石质量和开采技术条件，并有相应的矿石加工选冶试验成果；但只进行了预可行性研究，表明当时开采是经济的，计算的可采储量的可信度高，可行性评价结果的可信度一般。

3）预可采储量（122）是控制的经济基础储量的可采部分，是指在已达到详查阶段工作程度要求的地段，基本上圈定了矿体三维形态，能够较有把握地确定矿体连续性的地段，基本查明了矿床地质特征、矿石质量、开采技术条件，提供了矿石加工选冶性能条件试验的成果，对于工艺流程成熟的易选矿石，也可利用同类型矿产的试验成果；预可行性研究结果表明开采是经济的，计算的可采储量的可信度高，可行性评价结果的可信度一般。

（2）基础储量。基础储量是查明矿产资源的一部分。它能满足现行采矿和生产所需的指标要求（包括品位、质量、厚度、开采技术条件等），是经详查、勘探所获控制的、探明的，并通过可行性研究、预可行性研究认为属于经济的、边际经济的部分，用未扣除设计、采矿损失的数量表述。基础储量有以下6种类型：

1）探明的（可研）经济基础储量（111b）。它所达到的勘查阶段、地质可靠程度、可行性评价阶段及经济意义的分类同可采储量（111）所述，与其唯一的差别在于本类型是用未扣除设计、采矿损失的数量表述。

2）探明的（预可研）经济基础储量（121b）。它所达到的勘查阶段、地质可靠程度、可行性评价阶段及经济意义的分类同预可采储量（121）所述，与其唯一的差别在于本类型是用未扣除设计、采矿损失的数量表述。

3）控制的经济基础储量（122b）。它所达到的勘查阶段、地质可靠程度、可行性评价阶段及经济意义的分类同预可采储量（122）所述，与其唯一的差别在于本类型是用未扣除设计、采矿损失的数量表述。

4）探明的（可研）边际经济基础储量（2M11）。它是指在达到勘探阶段工程的地段，详细查明了矿床地质特征、矿石质量、开采技术条件，圈定了矿体的二维形态，肯定了矿体连续性，有相应的加工选冶试验成果；可行性研究结果表明，在确定当时开采是不经济的，但接近盈亏边界，只有当技术、经济等条件改善后才可变成经济的；这部分基础储量可以是覆盖全勘探区的，也可以是勘探区中的一部分，在可采储量周围或在其间分布；计算的基础储量和可行性评价结果的可信度高。

5）探明的（预可研）边际经济基础储量（2M21）。它是指在达到勘探阶段工作程度要求的地段，详细查明了矿床地质特征、矿石质量、开采技术条件，圈定了矿体的三维形态，肯定了矿体连续性，有相应的矿石加工选冶试验成果；预可行性研究结果表明，在确定当时开采是不经济的，但接近盈亏边界，待技术经济条件改善后可变成经济的；其分布特征同 2M11，计算的基础储量的可信度高，可行性评价结果的可信度一般。

6）控制的边际经济基础储量（2M22）。它是指在达到详查阶段工作程度的地段，基本查明了矿床地质特征、矿石质量、开采技术条件，圈定了矿体的三维形态；预可行性研究结果表明，在确定当时开采是不经济的，但接近盈亏边界，待技术经济条件改善后可变成经济的；其分布特征同 2M11，计算的基础储量的可信度较高，可行性评价结果的可信度一般的基础储量。

（3）资源量。资源量是指查明矿产资源的一部分和潜在矿产资源，包括经可行性研究或预可行性研究证实为次边际经济的矿产资源以及经过勘查而未进行可行性研究或预可行性研究的内蕴经济的矿产资源，以及经过预查后预测的矿产资源。资源量有以下 7 种类型：

1）探明的（可研）次边际经济资源量（2S11）。它是指在勘查工作程度已达到勘探阶段要求的地段，地质可靠程度为探明的；可行性研究结果表明，在确定当时开采是不经济的，必须大幅度提高矿产品价格或大幅度降低成本后，才能变成经济的，计算的资源量和可行性评价结果的可信度高。

2）探明的（预可研）次边际经济资源量（2S21）。它是指在勘查工作程度已达到勘探阶段要求的地段，地质可靠程度为探明的；预可行性研究结果表明，在确定当时开采是不经济的，需要大幅度提高矿产品价格或大幅度降低成本后才能变成经济的，计算的资源量可信度高，可行性评价结果的可信度一般。

3）控制的次边际经济资源量（2S22）。它是指在勘查工作程度已达到详查阶段要求的地段，地质可靠程度为控制的；预可行性研究结果表明，在确定当时开采是不经济的，需大幅度提高矿产品价格或大幅度降低成本后才能变成经济的，计算的资源量可信度较高，可行性评价结果的可信度一般。

4）探明的内蕴经济资源量（331）。它是指在勘查工作程度已达到勘探阶段要求的地段，地质可靠程度为探明的，但未做可行性研究或预可行性研究，仅做了概略研究，经济意义介于经济的与次边际经济的范围内，计算的资源量可信度高，可行性评价可信度低的资源量。

5）控制的内蕴经济资源量（332）。它是指在勘查工作程度已达到详查阶段要求的地段，地质可靠程度为控制的，可行性研究评价仅做了概略研究，经济意义介于经济的与次边际经济的范围内，计算的资源量可信度较高，可行性评价可信度低。

6）推断的内蕴经济资源量（333）。它是指在勘查工作程度只达到普查阶段要求的地段，地质可靠程度为推断的，资源量只根据有限的数据计算的，其可信度低；可行性研究评价仅做了概略研究，经济意义介于经济的与次边际经济的范围内，可行性评价可信度低的资源量。

7）预测的资源量（334）。它是指依据区域地质研究成果、航空、遥感、地球物理、地球化学等异常或极少量工程资料，确定具有矿化潜力的地区，并和已知矿床类比而估计的资源量。其属于潜在矿产资源，有无经济意义还不确定。

1.8.2.2　矿产资源储量的对比

A　原储量分类

在实行国标 GB/T 17766—1999 前，我国执行的储量分类为能利用储量和暂不能利用储量。

（1）能利用储量又称为平衡表内储量或工业储量。它是指用勘探工程系统控制，符合当前的技术经济条件，在工业上能利用的储量。它也是矿山企业设计、建设的资源基础。工业储量根据探明的精确程度和提供开采设计的作用不同又可分为开采储量和设计储量。

（2）暂不能利用储量又称为平衡表外储量。它是指由于矿产资源的有益组分或矿物含量低，矿体厚度薄，矿山开采技术条件或水文地质条件特别复杂，对矿产的当前技术加工条件还无法解决，工业上暂不能利用的储量。非工业储量包括远景储量和地质储量。应当指出，工业储量和非工业储量的概念是相对的、有时间性的。随着勘探工作的深入进行和加工技术的不断提高，非工业储量逐渐转变成工业储量，为工业所利用。

B　原储量级别划分

矿石储量级别是在对矿体勘探研究的基础上划分的，包括对矿体形态、产状和空间位置的控制程度，对影响开采构造的控制程度，对夹石和破坏矿体岩脉的赋存特征等控制程度，对矿石工业类型和品级的种类及其变化规律的确定程度，对矿床勘探程度在矿石质量上的反映，表征矿床工业利用的可靠程度等方面。矿石储量级别高，说明通过勘探工作对矿石质量的研究程度高、工业利用率高。

由此，将固体矿产资源探明储量划分为 A、B、C、D 四个级别，具体为：

A 级储量相当于早期（1983 年前）分类中的 A_1、A_2 级储量，是矿山在原有 B 级储量基础上，通过产勘探所获得的储量。该储量是编制采掘计划的依据，是生产时期准备采出的储量。

B 级储量相当于早期（1983 年前）分类中的 B 级储量，是地质勘探阶段或生产单位在 C 级储量基础上经过验证所获得的高级储量。它一般分布在矿体的浅部，即矿山初期开采阶段。大型矿山设计要有一定比例的 B 级储量，它是矿山企业设计、建设的依据。

C 级储量相当于早期（1983 年前）分类的 C_1 级储量，是地质勘探获得的基本储量。它是矿山企业设计建设、依据的主要储量。

D 级储量相当于早期（1983 年前）分类中的 C_2 级储量。它是用稀疏勘探工程控制的储量，或在 C 级储量的块段外推的储量。它是矿山的远景储量，仅能作远景规划时考虑，而不能作设计、建设的依据。对于复杂的小型有色矿山和黄金矿山，可以利用一部分 D 级储量作为设计矿量。

A 级和 B 级储量称为高级储量，C 级和 D 级储量称为低级储量。

对预测资源按地质研究程度划分为 E、F 二级资源，其仅对进一步开展勘查工作有一定的指导作用。

C　储量分类的对比

为便于 1999 年前后的资料进行衔接使用，以矿产资源储量分类变化套改表为依据进行对比，见表 1-5。

表 1-5　矿产资源储量分类变化套改表

		查　明　的				潜在的
		探明的		控制的	推断的	预测的
现行分类	1999 年 GB/T 177 66—1999	储量（111、121）；基础储量（111b、121b、2M11、2M21）		储量（122）；基础储量（122b、2M22）		
		资源量（331、2S11、2S21）		资源量（332、2S22）	资源量（333）	资源量（334?）
1992 年	1992 ～ 1998 年	矿产储量（能利用的、暂不能利用的）				预测的
		A	B	C	D	E
		备采储量	首期开采依据	中期开采依据	后期开采依据	（规划）远景储量
1983 年	1977 ～ 1991 年	矿产储量（表内的、表外的）				
		A	B	C	D	
1959 年	1959 ～ 1977 年	工　业　储　量				远景储量
		A₁　A₂	B	C₁	C₂	
		开采储量	设计储量			

（据国土资源部矿产资源储量评审中心，2005 年）

习　　题

1-1　矿山初步设计的主要依据是什么？

1-2　什么是初步设计，施工设计？

1-3　什么是矿山初步设计，施工设计？

1-4　什么是矿山勘探程度？

1-5　什么叫工业储量？

2 矿山企业生产能力和服务年限

2.1 概　述

2.1.1 矿山企业生产能力的概念

矿山企业生产能力是指矿山企业正常生产时期单位时间内所生产的矿石量。黑色金属矿山一般以年产矿石量来表示；有色金属矿山通常以矿石日处理量表示。

根据矿山企业的组成和最终产品的不同，企业生产能力所表示的实物形式也是不同的。如果矿山是出售原矿的单一企业，则年生产能力以矿石计。如果矿山是由采矿（坑口或车间）、选矿（厂或车间）所组成的采选联合企业，则年生产能力以精矿量表示。如果企业是由采矿、选矿、冶炼（厂或车间）所组成的采选冶联合企业，则年生产能力以金属量来表示。

2.1.2 确定矿山企业生产能力的重要意义

矿山企业生产能力的确定是关系到矿山建设和生产的重要问题，是企业设计的主要依据。它决定着企业的建设规模、技术装备水平、生产服务年限、职工劳动定员等因素，从而影响企业的基建投资、投资效果以及产品成本。事实证明，在矿山企业设计中生产能力确定得合理与否，将对企业经营及国家计划任务的完成产生直接影响。因此，在矿山设计中企业生产能力应予以足够重视。

2.2　确定矿山企业生产能力的依据

在确定矿山企业生产能力时，可能遇到以下四种情况：

（1）国家计划部门根据发展国民经济计划的要求和矿产资源条件，对具有建设条件的地区或矿点作远景规划时，需要估算矿山可能的年生产能力。

（2）上级主管领导机关，根据国家或地方对矿产品的需求并考虑到具体条件，事先确定了拟建企业的年生产能力并在设计任务书中做了规定，这时设计人员需要根据矿床赋存条件、矿石工业储量和采矿技术水平来校核实现该生产能力的技术可能性和经济合理性。

（3）设计单位受上级领导机关或者业主的委托，确定生产能力并报上级主管机关批准，作为正式文件下达设计单位。

（4）设计单位依据矿床地质条件按照技术上可能的能力进行论证确定。

综上所述，无论估算、校核或确定矿山生产能力，一般都是在满足国家或地方需要的前提下，根据矿床地质资源、开采技术条件，以现行的采矿方法和装运技术水平为基础，用计算方法来确定技术上可行、经济上合理的矿山企业生产能力。

影响矿山企业生产能力的确定的因素是多方面的，在设计中应着重考虑以下几方面：

（1）矿床的工业储量。储量的大小是确定矿山生产能力的基础。一般情况下，矿床的工业储量大，矿山生产能力可以确定得大一些。也就是说，矿山生产能力的确定要与地质资源、矿床储量相适应。但对开采技术条件复杂、资源可靠程度差、远景储量小的矿床，生产能力的确定要适当减小，否则会造成设计的返工和投资的浪费。

（2）采出矿石品位。采出矿石品位决定着为保证最终产品数量所必需的矿石量。当最终产品的质量和数量一定时，采出矿石的品位越高，则需要采出的矿石量越少，此时年生产能力就可以确定得小一些；反之，则年生产能力要确定得大一些。

（3）矿床勘探程度。矿山生产能力的确定必须建立在地质资源基础上，而地质资源的可靠程度又取决于详尽的地质勘探资料。勘探程度高、资源可靠并有相当数量按规定储量级别的工业矿石，矿山生产能力可以确定得大一些。如果勘探程度不足、矿石工业储量不可靠，可先设计规模小一些的矿山；随着勘探程度的提高和矿石工业储量的增加，再增大矿山年生产能力，进行矿山的扩建，这在技术上往往是可行的、经济上也是合理的。

（4）矿床地质和开采技术条件。矿床地质和开采技术条件取决于所采用的采矿方法、矿块的生产能力和同时工作的矿块数，即决定于技术上可能达到的矿山企业生产能力。对于矿床分布面积较大且倾角陡、矿石稳固的厚矿体可以采用高效率的采矿方法，并能布置较多矿块同时进行回采，这时矿山企业生产能力确定得可以大一些；对于矿体厚度小且倾角缓、矿岩不够稳固或有坑内火灾危险的矿体，生产能力确定得不宜过大，否则难以达到设计产量。

（5）国家或地方对矿产品的需要量。这是根据发展国民经济计划并结合地方需要来考虑的。国家急需或国际市场紧缺的矿产品，在条件许可时年生产能力确定得大一些，尽可能地多采、快采以满足需要。

在确定矿山企业生产能力时，要综合考虑上述因素。一般来讲，矿床勘探程度和矿床工业储量的大小是确定矿山企业生产能力的主导因素；其次考虑矿床地质、开采技术条件和对矿产品的需要程度以及其他因素。应该指出的是：对于矿床储量大，但浅部储量少，或矿区储量虽很大，而矿点很分散以及矿体类型很复杂、赋存要素不稳定的矿体，矿山企业生产能力的确定要持慎重稳妥的态度，在全面考虑、规划的基础上，由小到大，实行分期建设。地方矿山由于建设资金的来源困难，生产能力确定宜小不宜大。

2.3　矿山企业生产能力确定方法

确定矿山企业生产能力的方法繁多，各种计算方法均有一定的局限性和适用条件，现将目前常用的几种方法介绍如下。

2.3.1　根据国家所需的产品产量（精矿量或金属量）计算矿山年生产能力

国家计划部门根据需要，有时不按矿石而按产品（精矿或金属）产量来下达任务。而对矿山本身来讲，设计是以矿石为依据的，在此情况下，需要把产品（精矿或金属）产量换算成矿石量，其换算公式有下面两种情况：

（1）当最终产品为精矿时，即国家下达的任务书中规定矿山企业的任务产量为精矿，换算公式为：

$$A = \frac{1}{\gamma_1} A_1 K_{\mathrm{b}} = \frac{A_1 \beta}{\alpha' \varepsilon_1} K_{\mathrm{b}} \tag{2-1}$$

式中　A——矿山所需采出矿石年产量，t；

　　　　A_1——精矿年产量，t；

　　　　K_{b}——备用系数，考虑矿石品位变化和选矿回收率波动等原因而增加的系数，一般为 1.1；

　　　　γ_1——精矿产出率，%；

　　　　β——精矿品位，%；

　　　　α'——采出矿石品位，%；

　　　　ε_1——选矿回收率，%。

由式（2-1）可知，$\gamma_1 = \alpha' \varepsilon_1 / \beta$，此式表述了采出矿石量与精矿质量及其回收指标间的关系。

选矿回收率 ε_1 表示矿石经过选矿后，矿石中单位有用成分能被回收多少，是表述金属的回收程度。

精矿产出率 γ_1 表示矿石加工成精矿时，1t 矿石中能得到多少吨精矿，其倒数 $1/\gamma_1$ 为获得 1t 精矿需多少吨原矿石。如 100t 铁矿石经过选矿后产出 40t 精矿，则精矿的产出率 $\gamma_1 = 40/100 = 0.4 = 40\%$。其倒数 $1/\gamma_1 = 100/40 = 2.5$，即生产 1t 精矿需要 2.5t 原矿石。

现举例说明式（2-1）的应用：某地方国营小型铁矿山为采选联合企业，属省冶金厅领导，下达的生产任务为年产精矿 30000t，采用平硐–溜井开拓，无底柱分段崩落采矿法开采，采出矿石品位为 22.59%，选矿厂生产指标：实际精矿品位 60%，选矿回收率为 85%，问该矿应生产多少吨原铁矿石才能满足要求？

已知：$A_1 = 30000$ 吨，$\alpha' = 22.59\%$，$\beta = 60\%$，$\varepsilon_1 = 85\%$，由式（2-1）：

$$A = \frac{A_1 \beta}{\alpha' \varepsilon_1} K_b = \frac{30000 \times 0.6}{0.2259 \times 0.85} \times 1.1 = 102125t$$

答：矿山生产能力为年产铁矿石 102125t 才能满足年产 30000t 精矿任务的要求。

（2）当最终产品为金属时，即下达的任务书中规定矿山企业的任务产量为金属，换算公式为：

$$A = \frac{A_2 \delta K_b}{\alpha' \varepsilon_1 \varepsilon_2} \tag{2-2}$$

式中　A_2——金属年产量，t；

　　　δ——金属品位，%；

　　　ε_2——精矿冶炼成金属的冶炼回收率，%。

2.3.2　根据矿床开采技术可能性计算矿山年生产能力

（1）按矿床开采年下降速度计算矿山年生产能力，计算公式如下：

$$A = \frac{Sv\gamma\eta}{1-\rho} K_1 K_2 K_3 \tag{2-3}$$

式中　A——矿山年产量，当矿山分阶段开采时，为开采阶段的生产能力，t；

　　　S——阶段上矿体可采水平面积，m^2；

　　　v——矿床开采年下降速度，可按类似矿山的实际资料和有关统计资料（参见表 2-1 ~ 表 2-4）选取；

　　　γ——矿石密度，t/m^3；

　　　η——矿石回收率，%；

K_1，K_2——分别为矿体厚度和倾角修正系数，这是因为金属矿山矿床地下开采年下降速度是统计矿体厚度为 12 ~ 35m、倾角为 60° 时得出的，如设计矿体的厚度和倾角不符合此条件时，应加以修正（表 2-5）；

　　　K_3——地质影响系数，考虑地质因素（矿体的长度、面积和储量）变化的系数，一般 $K_3 = 0.7 ~ 0.9$；B 级储量比重大时，K_3 取 0.9；C 级储量比重大时，K_3 取 0.7；B，C 级储量各半时，K_3 取 0.8；

　　　ρ——矿石贫化率，%。

表 2-1　部分矿山开采年下降速度

类别	矿山名称	矿体赋存条件			可采面积/m²	年矿山生产能力/万吨	所采用采矿法	年下降速度/m
		走向长度/m	厚度/m	倾角/(°)				
有色金属矿山	西华山钨矿	800~900	20~40	70	16000~25000	60	有底柱崩落法	25
	易门铜矿	2400	30~40	70~80	20000~25000	100~120	阶段崩落法	25
	桃林铅锌矿	450	60~80	30~40	18000	50	全面法	
	凤凰山铜矿	800~1000	1.5~60	60~80			水平分层充填法	
	锡矿山锑矿	2000~3000	5~30	15	20000~30000	100~120	房柱法	
	河北铜矿	100	50~60	60~90	500~6000	30	阶段矿房法	25~30
	华铜铜矿			15~80				
	管子沟矿	300~400	30~40	30~40	10000~12000	60	有底柱崩落法	
黑色金属矿山	程潮铁矿	1000	53	46	66600	150	无底柱	32
	大庙铁矿	800	10~90	80~90	2400	60	无底柱	10~12
	弓长岭铁矿	1500~1600	5~90	70~80	20000~30000	100	阶段矿房法	15
	龙烟铁矿	9000	30	30	1150~16900	100	全面法	15
	江铁矿	210	1.5~1.6	15~25	315~333	10		15~20
	湘潭锰矿	2000	2	50	14000	25		6

表 2-2 金属矿山矿床地下开采年下降速度

井田长度/m		可采面积 /m²	年下降速度/m					
薄及中厚矿体	厚矿体		平 均 值		最 小 值		最 大 值	
			单阶段	两阶段	单阶段	两阶段	单阶段	两阶段
>1000	>600	12000~25000	15	20	12	18	20	25
600	300~600	5000~12000	18	25	15	20	25	30
<500~600	<300	<4000~5000	20	30	18	25	30	40

表 2-3 不同采矿方法的年下降速度 （m）

采矿方法	统计矿山数	长600m，或面积1000~2000m²		长600~1000m，或面积2000~10000m²		长1000~1500m，或面积6000~10000m²		长大于1500m，或面积10000~20000m²	
		多中段	一般	多中段	一般	多中段	一般	多中段	一般
浅孔留矿法	15	35	15~25	21	6~15	—	—	—	—
极薄矿脉群法	9	21.75	10~15	13	7~10	—	—	—	—
有底柱崩落法	8	45	25~40	30~40	15~25	30	10~20	20~30	6~20
充填法	7	—	6~8	10	6~9	15	5~7		4~5
无底柱崩落法	4		20~32		15~25		8~12		
分段空场法	8	40	20~30	30~40	15~25		8~12		
前苏联手册		50	30~40	40	30~35	—	20~30		18~20

表 2-4 黑色冶金矿山技术经济参考资料

矿体特征和采矿方法	年下降速度/m
缓倾斜、薄矿体采用全面采矿法	10~15
缓倾斜、矿体厚度在1.8~4.0m内，采用长壁陷落采矿法	8~12
缓倾斜、中厚（4.1~10m），采用房柱采矿法	8~10
缓倾斜、厚矿体，采用崩落法开采（有底柱或无底柱）	8~10
倾斜、急倾斜厚矿体，采用崩落采矿法（有底柱或无底柱）	15~20
极厚矿体采用崩落法开采（有底柱或无底柱）	8~14
充填采矿法（包括水、砂、胶结充填）	10~13

表 2-5 矿体厚度和倾角修正系数

矿体厚度/m	<5	<7~12	12~35	40~60	>60
矿体厚度修正系数 K_1	1.25	1.2	1.0	0.8	0.6
矿体倾角/（°）	90	70	60	45	30
矿体倾角修正系数 K_2	1.2	1.1	1.0	0.9	0.8

（2）按回采工作面推进距离计算年生产能力，计算公式为：

$$A = \frac{1}{K} \sum LIa \qquad (2-4)$$

式中　$\sum$——回采工作面数总和；

　　　L——回采工作面年推进距离，m；

　　　I——工作面宽度，m；

　　　a——单位面积采出的矿石量，t/m^2：

$$a = Km\gamma \frac{1-q}{1-\rho} \qquad (2-5)$$

　　　m——矿层平均厚度，m；

　　　γ——矿石密度，t/m^3；

　　　ρ——矿石贫化率，%；

　　　q——矿石损失率，%；

　　　K——矿块中采出矿石比重，%：

$$K = 1 - Z$$

　　　Z——产矿石率，%。

部分矿山的工作面推进速度见表2-6。

表2-6　部分矿山的工作面推进速度

矿山名称	工作面月推进距离/m		工作面年推进距离/m		矿块工作面年生产能力/万吨	采矿方法	附产矿石率/%
	平均值	最大值	平均值	最大值			
王村铝土矿	9.6	14.1	115	170	3.4	壁式陷落法	7
北焦宋铝土矿	10.2		112		2.7	壁式陷落法	11.6
浅井子黏土矿	17.7	30	215	278	5.0	壁式陷落法	7.3
滥泥坪铜矿（设计）			90			底盘漏斗崩落法	

（3）按阶段内同时回采的矿块数来计算矿山年生产能力。矿山企业生产能力从根本上来讲是由同时作业的阶段和阶段内同时回采（包括出矿在内）的矿块来保证的。而阶段内的矿块是由既定的采矿方法和矿块构成要素所确定的。划分矿块的采矿方法有分段空场法（包括阶段矿房法、爆力运矿法等）、房柱法、全面法、留矿法、充填法（除进路式充填法外）。用矿块布置法来确定可以布置的有效矿块数，再考虑同时回采的矿块利用系数，就可确定阶段内同时回采的矿块数。

1）所谓有效矿块。在阶段平面图上的矿体轮廓范围内，剔除两翼边角、上下狭窄、短小不完整部分和因地质构造破坏需留临时矿柱地段的矿体外，可布置的矿块，即为有效矿块。

2）同时作业的阶段数。根据阶段的生产准备和回采工作的配合关系及其采用的采矿方法，各矿山同时作业的阶段是不同的。在正常情况下，应避免多阶段回采。多阶段作业存在着生产不集中、管理不便、安全难以保证的弊病。因此，同时作业的阶段不应多于 3 个，其中 1～2 个阶段处于回采而其余则为生产准备。当两个阶段同时进行回采时，上阶段应超前下阶段回采距离 40～50m，如能保持一个阶段回采是最合理的。常用同时回采的阶段数见表 2-7。

3）同时回采矿块的利用系数，是指同一阶段内同时回采的矿块（包括出矿、凿岩爆破、支护的矿块，不包括备用矿块）与有效矿块之比。调查资料表明，矿块利用系数的变化范围很大，一般为 0.3～0.6。无底柱分段崩落法是以进路为回采单元，故其矿块利用系数即为矿块出矿进路和有效进路之比，一般为 0.16～0.33。在厚度适中、矿石稳固、不需支护、水文地质条件简单且有可能对下分段提前凿岩时，取大值；反之，则取小值。

表 2-7 常用同时回采的阶段数

采矿方法	同时回采阶段数目/个	阶段间配合关系
空场法	1～2	分段法和阶段矿房法，一个阶段回采矿柱，一个阶段回采矿房
留矿法	1～2	两阶段回采时，上阶段回采矿柱，下阶段回采矿房
充填法	2～3	上阶段回采矿柱，下阶段回采矿房
崩落法	1	

按同时回采矿块数计算矿山生产能力的公式如下：

$$A = \frac{NKqEt}{1 - Z} \qquad (2-6)$$

式中　A——矿山或阶段的年生产能力，t；

　　　N——一个阶段内可布置的有效矿块数，个；

　　　K——同时回采矿块的利用系数，参考表 2-8 选取；

　　　q——矿块的日生产能力，t；

　　　E——地质影响系数，0.7～1.0；

　　　t——年工作日，d；

　　　Z——附产矿石率，%。

表 2-8 同时回采矿块利用系数参考值

类别	技术条件	回采矿块利用系数	备注
I	（1）矿体复杂，矿块地质储量小，出矿周期短； （2）矿体规整，矿块地质储量大，出矿周期长； （3）介于两者之间	0.23～0.25 0.35～0.5 0.25～0.35	不包括矿脉，层状矿体
II	无底柱分段崩落法	为出矿进路 $\frac{1}{4～6}$	4～6 为有效进路
III	（1）盘区开采，沿脉装车，无溜井； （2）矿块垂直走向布置，沿脉装车，无溜井	0.3～0.35	

附产矿石率 Z 为采准、切割出矿量占矿块中采出矿石量的比重（％）。由于采矿方法不同，附产矿石率也是有大有小。Z 值一般变化在 8% ~ 15% 范围，一般取 10% ~ 12%，其精确的数值应在采矿方法采切工程量计算和矿块各项工作采出矿量计算过程中求算。

应当指出，不同采矿方法，其矿块的划分和矿块构成要素是不一样的。例如，有底柱分段崩落法以电耙道为回采单元；无底柱分段崩落法以回采进路条数来划分，有的采矿方法，如分段空场法、阶段矿房法、留矿法、爆力运矿法、房柱法和两步骤回采的充填法均划分矿房和矿柱，应相应地以有效的矿房和矿柱数进一步计算矿山或阶段的年生产能力。

2.3.3 按及时准备新阶段验证矿山年生产能力

在矿山实际工作中急于完成任务产量，往往"重采轻掘"，以致"采掘失调"，三级矿量出现不平衡等现象。为了保证持续、均衡的生产，贯彻"采掘并举、掘进先行"的原则，必须及时地进行新阶段的准备，使上阶段进行回采的同时，下阶段的开拓、采准、切割工作基本结束。这样能保证回采工作向新阶段顺利地过渡。其必要的条件和关系表达式如下：

$$t_0 > t_n \tag{2-7}$$

或

$$t_0 = K_{超} t_n \tag{2-8}$$

$$t_0 = \frac{Q\eta}{A(1-\rho)} \tag{2-9}$$

即

$$\frac{Q\eta E}{A(1-\rho)} = K_{超} t_n$$

所以

$$A = \frac{Q\eta}{K_{超} t_n (1-\rho)} E \tag{2-10}$$

式中 t_0——阶段回采时间，年；

t_n——新阶段准备（包括开拓、采准）所需时间，年；

$K_{超}$——阶段开拓、采准对回采的超前系数；

Q——回采阶段的工业储量，t；

E——地质影响系数，0.7 ~ 1；

其他符号意义同前。

$K_{超}$ 一般取 1.1 ~ 2.0，其数值取决于矿床埋藏要素及矿石有用成分的分布情况。矿床埋藏要素稳定，有用成分分布均匀，$K_{超}$ 取 1.1 ~ 1.2；矿床埋藏要素变化较大，有用成分分布不均，$K_{超}$ 取 1.2 ~ 1.5；矿床埋藏要素极不稳定，有用成分分布极不均匀，$K_{超}$ 取 1.5 ~ 2.0。

新阶段的开拓、采准时间 t_n，可按开拓系统和采矿方法设计图，确定阶段内井巷的掘进工作量，然后根据井巷掘进方式（平行作业或流水作业）、掘进速度和同时掘进工作面数编制进度计划来确定。

计算结果表明，若新阶段的开拓、采准时间 t_n 太长，不能满足式（2-8），应采取措施调整掘进方式和劳动组织，如采用平行作业、快速掘进、多工作面掘进等方法加快掘进速度。采取措施后仍不能达到相互协调关系，则需调整生产能力。

2.3.4 按经济合理服务年限验证矿山年生产能力

在井田范围已定的条件下，矿床工业储量一定，矿山生产能力确定得过大，则矿山企业的服务年限缩短；反之，服务年限延长。

如加大矿山企业生产能力，除发挥现有生产潜力外，从静态观点看，一般需相应地采用大型先进技术装备，增加相应的建筑物和构筑物以及增大开拓、采准等巷道断面，必然会增加基本建设投资。同时，由于服务年限缩短，则采出每吨矿石的基建投资摊销额增大，从而提高了产品成本，并使固定资产在不到额定折旧年限时就要拆迁或报废，造成经济损失。企业生产能力确定得过小，使用的工业构筑物与建筑物，当它们达到规定折旧年限后，大部分已报废需更新，也将增加基本建设投资。服务年限过长，会增加巷道维护和排水费用。

从动态的观点看，在技术可能范围内，提高生产能力，资金回收快，有利于资金的周转和再投资，同样有它经济合理性的一面。但资金是有时间价值的，产量过小，回收速度慢，支付的利息高。因此，矿山企业生产能力的大小和服务年限的长短，共同反映它们的经济合理性。

2.3.4.1 经济合理服务年限

确定矿山企业生产能力时，除了考虑技术上的可能性外，还须考虑经济上的合理性。所谓经济合理服务年限，是指在工业储量一定的条件下，使每吨采出矿石的基建摊销额和生产经营费用达到某一合理数值时，对应于该矿山企业的年生产能力的服务年限。

根据上述原理，国家规定了各种规模矿山的经济合理服务年限（表2-9）。

表2-9 矿山规模与经济合理年限关系表

矿 山 规 模	合理服务年限/a	备 注
大 型	>25	
中 型	>20	
小 型	>10 ~ 15	

国土资源部《关于调整部分矿种矿山生产建设规模标准的通知》（国土资发〔2004〕208号）中规定了我国部分矿种矿山规模划分标准，见表2-10。

表 2-10 我国部分矿种矿山规模划分标准

矿 种 类 型	计量基准	矿山年生产建设规模/万吨			年最低生产建设规模/万吨	备 注
		大型	中型	小型		
煤（地下开采）	原煤	≥120	120～45	<45		新调整
煤（露天开采）	原煤	≥400	400～100	<100		新调整
放射性矿产	矿石	≥10	10～5	<5		
金（岩金）	矿石	≥15	15～6	<6	1.5	
银	矿石	≥30	30～20	<20		
其他贵金属	矿石	≥10	10～5	<5		
铁（地下开采）	矿石	≥100	100～30	<30	3	
铁（露天开采）	矿石	≥200	200～60	<60	5	
锰	矿石	≥10	10～5	<5	2	
铬、钛、钒	矿石	≥10	10～5	<5		
铜	矿石	≥100	100～30	<30	3	
铅	矿石	≥100	100～30	<30	3	
锌	矿石	≥100	100～30	<30	3	
钨	矿石	≥100	100～30	<30	3	
锡	矿石	≥100	100～30	<30	3	
锑	矿石	≥100	100～30	<30	3	
铝土矿	矿石	≥100	100～30	<30	6	
钼	矿石	≥100	100～30	<30	3	
钴	矿石	≥100	100～30	<30		
镁	矿石	≥100	100～30	<30		
铋	矿石	≥100	100～30	<30		
汞	矿石	≥100	100～30	<30		
稀土、稀有金属	矿石	≥100	100～30	<30	6	新调整
石灰石	矿石	≥100	100～50	<50		
萤石	矿石	≥10	10～5	<5		
硫铁矿	矿石	≥50	50～20	<20	5	
磷矿	矿石	≥100	100～30	<30	10	新调整
碘	矿石	按小型矿山归类				
金刚石	万克拉	≥10	10～3	<3		
石膏	矿石	≥30	30～10	<10		
高岭土、瓷土等	矿石	≥10	10～5	<5		新调整

注：富煤地区山西、内蒙古、陕西为 15 万吨/年；北京、河北、吉林、黑龙江、山东、安徽、甘肃、青海、宁夏、新疆为 9 万吨/年；云南、贵州、四川为 6 万吨/年；湖北、湖南、浙江、广东、广西、福建、江西等南方缺煤地区为 3 万吨/年。

2.3.4.2 矿山企业服务年限

在井田范围已定的情况下，工业储量一定，则矿山服务年限随矿山企业生产能力的不同而变化。

矿床工业储量、矿山企业年生产能力与服务年限有如下关系：

$$T = \frac{Q\eta E}{A(1 - \rho)} \qquad (2\text{-}11)$$

式中　T——矿山企业的服务年限（即计算服务年限），年；

　　　Q——矿床工业储量，t；

　　　η——矿石总回收率（包括采准、矿房回采和矿柱回采在内的总回收率），%；

　　　E——地质影响系数，取值为 $0.7 \sim 1.0$；

　　　A——矿山企业年生产能力，t；

　　　ρ——矿石总贫化率，%。

式（2-11）中如按合理的经济服务年限（取表2-9中最小值时）计算，所得出企业的年生产能力为服务年限内的平均年生产能力，即包括矿山投产、达产、减产时期在内的平均年产量，记为 A。

当按确定的生产能力 A（设计规模）来计算服务年限时，所得出的服务年限为矿山企业的计算服务年限 T。计算服务年限也是个平均概念。矿山企业生产能力与服务年限的关系如图2-1所示。

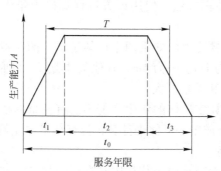

图2-1　矿山企业生产能力与服务年限的关系

t_1—矿山企业建设初期产量发展年限（包括基建和从投产到达产时期），年；

t_2—矿山企业按设计规模正常生产年限，年；

t_3—矿山企业末期产量逐渐下降年限，年；

T—矿山企业计算服务年限，年

由图2-1可知，矿山实际服务年限 t_0 大于计算服务年限，这是因为矿山企业建设初期有个产量发展年限 t_1，而末期有个产量逐渐下降年限 t_3。

即：

$$t_0 = t_1 + t_2 + t_3 \qquad (2\text{-}12)$$

$$T = t_2 + 1/2 \ (t_1 + t_3) \qquad (2\text{-}13)$$

矿山企业按设计规模正常生产年限 t_2 按规定不应低于实际服务年限的 2/3；矿山企业建设初期产量发展年限 t_1 大型矿山不应大于 3~5 年，中、小型矿山不应大于 1~3 年；矿山末期产量逐渐下降年限 t_3 一般为 3~5 年。

2.4　矿山企业生产能力确定方法的评述

如前所述，确定矿山企业生产能力时，要考虑许多因素，而这些因素在某种程度上各自对年生产能力的确定起到不同的影响作用。因此，任何年生产能力的计算方法都有一定的局限性。为了使得确定的生产能力比较切合实际，就要针对不同情况，采用不同的计算公式。

（1）按国家对矿山企业产品产量（精矿或金属量）计算矿石年生产能力。当企业是采、选联合企业或采、选、冶联合企业，国家在下达设计任务书时，又只规定了整个企业的产品产量（精矿或金属量），而矿山设计是以矿石为依据的，这时需要按产品产量进行矿石年生产能力的换算。一般情况下不存在此种问题。

（2）按矿床开采年下降速度计算矿山企业的年生产能力其年生产能力计算公式为：

$$A = \frac{Qv\gamma\eta}{1-\rho}K_1 K_2 K_3$$

该方法是个近似估算方法，使用该方法计算矿山年生产能力时，存在以下问题：

1）计算结果波动幅度大。如果两个矿体走向、倾角都一样，厚度均属同一类（小于 5m），但一为 1m、一为 4m，其他条件类似，按照该式计算的结果相差 3 倍，但实际上决不会相差这样大。

2）不适合用于计算多矿体的年生产能力。有色金属矿山往往由许多矿体组成，如将许多矿体折合成单一矿体来计算，计算结果往往偏低；如按矿体分别计算，累计结果则又偏高。

3）当矿体分两步骤回采时，往往因矿柱回采复杂，拖的时间较长以及由于矿体产状复杂等原因，探采工作在同一阶段上反复进行，因此，年下降速度难以选用。

年下降速度 v 是该方法计算公式中的关键参数，其值选取得合理与否，对计算的正确性影响很大。在其他条件相同的情况下，年下降速度随矿体倾角的增大、厚度的减小而变大；随矿体长度和面积的增大而减小；随同时工作的阶段数增多而加大；随矿石损失加大和废石混入的减少而提高。此外，年下降速度与回采顺序、采矿方法、出矿设备均有密切关系。

综上所述，按矿床开采年下降速度计算矿山企业年生产能力的方法，多用于倾斜或急倾斜矿体，并且当矿体是单个且规整时使用才比较合适。

由于在选取年下降速度时，往往是采用类似矿山的实际资料，而各矿山对年下降速度的统计方法也不尽一致，缺乏类比性。因此，该方法的精确度较差，仅在编制矿山远景规划或概略的验证设计任务书中所规定的年生产能力时采用比较适宜。

（3）按回采工作面推进距离计算矿山年生产能力。该法适用于缓倾斜薄矿体，且矿体似层状产出、埋藏稳定并采用壁式陷落法来回采。这时回采工作面沿走向推进，使用本法计算年产量比较合适。

（4）按阶段内同时回采矿块数来计算矿山年生产能力。该方法是个比较精确的方法，其优点是：

1）以阶段内可布的矿块数和矿块的生产能力为基础，反映了采矿方法、回采顺序、工艺环节、出矿设备的特征，因而比较接近实际。

2）该法的适应性比较广泛，对于有底柱和无底柱分段崩落法、房柱法、分段空场、留矿法、充填法等基本都适用，并且受矿体赋存条件的影响均较小。

3）避免了波动幅度大、不适于多矿体和复杂矿体的弊病。

缺点是：

1）计算年生产能力前要选定采矿方法方案及其结构和工艺，以便确定合理的矿块生产能力。

2）对某些矿体划分矿房、矿柱时，需分别计算矿房和矿柱的年生产能力，计算方法比较繁琐。

该方法可用于编制设计任务书、可行性研究、初步设计阶段计算和确定矿山企业的生产能力；使用比较广泛，精确度可以满足设计要求。

（5）按及时准备新阶段来验证矿山年生产能力。该方法是在用其他方法确定年生产能力之后，用以验证新阶段的准备时间能否满足正常生产的要求。在合理安排采掘进度计划以及掘进机械化水平不断提高的条件下，一般都能满足要求，即不需要用这种方法验证矿山年生产能力。只有在特殊情况下，如年下降速度很快的薄矿脉开采、多阶段水平的井巷掘进工程量大以及地质条件相当复杂的矿山，有可能出现新阶段的开拓、采准满足不了回采要求，这时用来验证生产能力才具有一定的意义。

（6）按经济合理服务年限计算年生产能力。由于该方法是以单位采出矿石成本作为经济合理服务年限和年生产能力计算的基础，没有考虑矿床的赋存条件、地质构造、采矿方法等因素的影响。此外，当矿床工业储量很大时，服务年限和生产能力之间的关系并不明显。因此，该法在实际应用中不能单独使用，只能在按矿床开采技术可能性确定矿山企业年生产能力的条件下，用来校核所确定的规模在经济上是否合理。

由此可见，确定矿山企业年生产能力是复杂的技术经济计算问题。为了达到省时、实用的目的，根据不同的任务和设计阶段（如编制矿山远景规划、设计任务书、初步设计等阶段）采用相应的近似的或比较精确的计算方法是必要的。但无论采用哪种方法，都要满足技术上的可能和经济上的合理。一般情况下，先根据矿床开采的技术可能性确定矿山企业的年生产能力，并用经济合理服务年限进行校验，最后通过编制基建进度计划加以验证。

还应指出的是，作为确定矿山企业年生产能力基础的矿床工业储量 Q 和在阶段平面图上按摆布法布置矿块时，都要以 C 级以上工业储量为依据，而 D 级储量只能作为远景规划考虑，不能作为设计的依据。

例： 某磷矿为层状矿床，产状比较稳定。矿体走向为 N25°E，矿层厚度 13 ~ 15m，倾角 30° ~ 45°，平均 35°。矿石为微密状磷块岩（$f = 4 ~ 7$、裂隙多、不稳固），顶板为灯影灰岩（$f = 4 ~ 7$），底板为砂页岩（$f = 3 ~ 5$）。矿层走向长约 3350m。

矿床赋存在当地侵蚀基准面以上，用于平硐-溜井开拓，中段高度为 40m。采用分段崩落法进行回采，采场长度 66m，采场使用 T_2GH 装运机运矿，采场平均日生产能力为 200t，开采时的贫化损失率为 15%，矿石密度为 2.9t/m³。深部还有 500 万吨矿石储量，需用盲竖井进行开拓。开拓系统剖面示意图如图 2-2 所示。

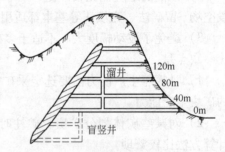

图 2-2　开拓系统剖面示意图

矿石工业储量和阶段矿体长度见表 2-11。

表 2-11　矿石工业储量和阶段矿体长度

中段名称	中段矿体长度 L/m	矿石工业储量 Q/万吨
120m 水平	370	48
80m 水平	1200	195
40m 水平	2400	368
0m 水平	3600	430
合　计		1041

矿山为连续工作制，年工作日 330 天，每天三班工作，每班 8 h。矿山生产能力初步定为 60 万吨/年（18282t/d）。验证该矿山生产能力是否合理。

矿山年生产能力的验证：

（1）按开采工作下降速度验证：

$$A = \frac{Sv_{年}\,\gamma\eta K_1 K_2}{1-\rho}$$

$$= \frac{Q_{中段}v_{年}\,\gamma\eta K_1 K_2}{H(1-\rho)}$$

式中　$Q_{中段}$——矿体中段矿石工业储量，t；

　　　　H——中段高度，m。

计算结果见表 2-12。

由计算可知，在单中段回采情况下，除 120m 水平外，其他中段年产量都超过 60 万吨。

表 2-12　按开采工作下降速度验证年生产能力计算结果

中段名称	工业储量 /万吨	回收率 η/%	贫化率 ρ/%	厚度修正系数 K_1	倾角修正系数 K_2	中段高度 /m	年下降速度 /m	可能达到的年生产能力 /万吨
120m 水平	48	85	15	1.0	0.833	40	15	15
80m 水平	195	85	15	1.0	0.833	40	15	61
40m 水平	368	85	15	1.0	0.833	40	15	115
0m 水平	430	85	15	1.0	0.833	40	15	134

（2）按同时回采矿块数验证，计算公式见式（2-6）。

计算结果见表 2-13。

表 2-13　按同时回采矿块数验证年生产能力计算结果

中段名称	中段矿体长度 /m	有效矿块数目 N/个	同时回采矿块数/个	回采矿块利用系数 K	采场日生产能力 q/t	年工作日数 t/d	中段年生产能力 /万吨			矿山年生产能力/万吨
							采场	附产	总计	年中段回采
120m 水平	370	5	2	0.4	200	330	13.2	0.55	13.75	13.75
80m 水平	1200	18	7	0.4	200	330	46.2	1.9	48.10	48.10
40m 水平	2400	36	14	0.4	200	300	92.4	3.7	96.1	96.1
0m 水平	3600	54	21	0.4	200	330	133.6	5.6	144.2	144.2

注：附产矿石按全部矿石量的 4% 计。

（3）按经济合理服务年限验证：

$$T = \frac{Q\eta}{A(1-\rho)} = \frac{1041 \times 0.85}{60(1-0.15)} = 17.35\ 年$$

计算所得的年限较经济合理服务年限稍短一些，但考虑到 0m 水平以下还有

500 万吨储量，矿床远景储量较好，所以服务年限还是合理的。

（4）按新阶段的开拓和采准速度验证。该矿山为三个中段同时作业：一个中段回采，一个中段进行采准、切割，一个中段进行开拓工作。

1）新阶段的开拓时间（0m 水平）。该水平的巷道工程量，脉外主要运输平巷 3600m，平硐长度 1200m，脉内外联络巷道 500m，总长度为 3600 +1200+500 =5300。按三个工作面同时掘进。水平巷道成巷掘进速度为 60m/月。则阶段开拓时间：

$$t = \frac{5300}{3 \times 60} \div 12 = 2.45 \text{ 年}$$

新阶段采准切割在 40m 水平进行。千吨采准工作量 $R = 7.45$m。其中，千吨采准矿量 $R_{准} = 3.57$m，千吨切割矿量 $R_{切} = 3.88$m。

采准矿量和备采矿量保有期限分别为一年和半年，则一年内所需采准巷道长度：

$$L_{准} = 3.57 \times 600000/1000 = 2142 \text{m}$$

其中，水平巷道为 107m，垂直巷道为 2035m。

需切割巷道长度 $L_{切} = 3.88 \times 600000/2 \times 1000 = 1164$m。全部为水平巷道。

采准和切割巷道总长度：$\sum L = L_{准} + L_{切} = 2142 + 1164 = 3306$m 。

2）新阶段采准时间（垂直巷道成巷掘进速度为 30m/月）：

$$t_{n2} = \frac{1}{12}\left(\frac{1164}{3 \times 60} + \frac{2035}{3 \times 30}\right) = 2.42 \text{ 年}$$

3）阶段回采时间（回采在 80m 中段）：

$$t_0 = \frac{Q\eta}{A(1 - \rho)} = \frac{195 \times 0.85}{60 \times (1 - 0.15)} = 3.25 \text{ 年}$$

因开拓和采准分别在两个阶段同时作业，而阶段的采准切割时间较阶段开拓时间稍长，所以应按采准切割 t_{n2} 进行校验。

采准切割对回采超前系数 $K = t_0 / t_{n2} = 3.25/2.42 = 1.34$。

由以上计算可知，由于 $t_0 > t_{n2}$，因此新水平的开拓和采准满足超前阶段回采条件要求。

（5）按回采进度计划验证。按投产时产量为 30 万吨，投产到达产的时间为 2 年计算。

回采进度计划编制见表 2-14。从编制结果来看，矿山生产能力定为 60 万吨/年是可行的。

通过以上几种方法的验证，并针对该矿的具体特点，矿山规模定为 60 万吨/年是合适的。

表 2-14　回采进度计划编制

中段名称	中段矿石工业储量/万吨	中段可能年生产能力/万吨	中段回采时间/a	按确定规模生产的年度/a																				
				1	2	3	4	5	6	7	8	9	10	11	12	13	14	15	16	17	18	19	20	21
120m水平	48	13.75	3.5	13.75	13.75	13.75	6.75																	
80m水平	195	48.1	4.05	20	20	45.25	48.1	48.1	12.55															
40m水平	368	96.1	3.8				5.15	11.9	47.45	60	60	60	60	60	3.5									
0m水平	430	144.2	3												56.5	60	60	60	60	60	60	13.5		
逐年产量/万吨				33.75	33.75	60	60	60	60	60	60	60	60	60	60	60	60	60	60	60	60	60	60	13.5

习　题

2-1　某矿矿层厚度 3 ~ 8m，平均 5m；倾角 10° ~ 25°，平均 15°；$f = 10 ~ 12$；走向长约 1800m。采用竖井开拓，中段高 40m；房柱法开采，采场长度 50m；电耙出矿。采场平均日生产能力为 150t，开采贫化率 15%，开采回收率 70%，矿石表观密度为 3.0t/m³。深部还有 80 万吨矿石量需要再采用盲竖井开拓，新中段需要开拓及采准准备时间约 2 年。相关基础数据见下表。矿山年工作 330 天，每天三班，每班 8h。确定其合适的生产能力。

中段名称	中段长度/m	中段矿量/万吨
120m	200	10
80m	1000	60
40m	1500	80
0m	1800	110
合计		260

2-2　试说明进行矿山生产能力论证的各种方法的适用性。

3 矿山企业设计经济评价方法

矿山企业在设计中有许多方案，如工业品位、矿床开采方式、矿山生产能力、产品方案、矿床开拓、采矿方法和内外部运输方案的选择和确定，不仅要做到技术上的先进、安全、可靠、实用，还要做到经济上的合理、经济效果最佳。借助于技术上的分析比较有时不能得到满意的、确切的结论，必须进行定量的经济分析和全面的评价工作。也就是说，要通过经济比较和经济计算才能从不同的方案中选取最佳方案。

3.1 资金的时间价值

3.1.1 利息问题

在进行矿山企业投资项目经济评价过程中，涉及的重要问题之一是资金的利用。资金是有时间价值的，即现在一定量的资金经过一段时间后，其数量会增加。换句话讲，今天一定量的资金要比明天同样量的资金的价值要大。所以，资金的时间价值表现为对经过一定时间的资金所支付的利息。

在经济评价中要考虑资金的时间价值，其目的在于：

（1）评价方案或项目在不同时间内产生的不同的经济效果。

（2）解决不同时间内发生资金的可比性问题。

基于上述目的，经济评价中要考虑资金的时间价值，即考虑利息问题。

3.1.2 利息计算方法

3.1.2.1 单利计算

单利即仅用本金加以计算，不计入以前利息周期中所累加的利息，其计算公式为：

$$L = Pin \qquad (3-1)$$

$$S = P + Pin \qquad (3-2)$$

式中　L——总利息；

　　　P——资金现值（表示资金的现在瞬时价值）；

　　i——利率；

　　n——计息周期（年、半年、季度或月）；

　　S——某期末的资金未来值（经过一段时间后的资金新值），即本利和。

　　例 3-1　某矿山进行扩建，向银行贷款 800 万元，贷款期为 5 年，年利率为 7.2%，求 5 年的利息与本利和？

　　解　　　　　　　　$L = Pin = 800 \times 7.2\% \times 5 = 288$ 万元

$$S = P + Pin = 800 + 800 \times 7.2\% \times 5 = 1088 \text{ 万元}$$

3.1.2.2　复利计算

　　单利计算方法简便，但在经济评价中不符合经济发展规律的客观要求，故通常运用复利法计算。

　　复利即计算利息总额时，某一周期中的利息是由本金加上以前周期中所累计利息总额计算。

　　现介绍间断复利法计算的几种资金换算方法：

　　（1）一次偿付复利因数（single-payment compound amoumt factor）法，如图 3-1 所示。

　　已知某现值 P（位于期初），以一定的时间计息一次，以复利计算，求 n 期的未来值（即位于期末的本利和)？

　　第一期末 $S = P(1 + i)$

　　第二期末 $S = P(1 + i)(1 + i) = P(1 + i)^2$

　　第三期末 $S = P(1 + i)(1 + i)(1 + i) = P(1 + i)^3$

$$\vdots$$

　　第 n 期末 $S = P(1 + i)^n$ 　　　　　　（3-3）

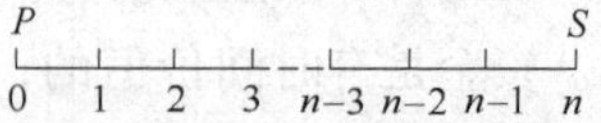

图 3-1　一次偿付复利因数法

　　例 3-2　年利息为 10%，一年计息一次，现值为 1000 元，求 10 年后的未来值。

　　解　利用式（3-3）计算如下：

　　根据 $i = 10\%$、$n = 10$，代入式（3-3）得：

$$S = P(1+i)^n$$
$$= 1000 \times (1 + 0.1)^{10} = 2593.7 \text{ 元}$$

　　例 3-3　若年利为 10%，半年计息一次，则 10 年后的未来值是多少？

　　解　因规定为半年计息一次，故 10 年共 20 个计息期，每期的利息为 5%。

　　根据 $i = 5\%$，$n = 20$，代入式（3-3）得：

$$S = P(1 + i)^n = 1000(1 + 0.05)^{20} = 2653.3$$

　　由此可见，虽然年利息相同，但计息期不同，其所得利息是不同的。

　　（2）一次偿付现值因数（singl-payment present-worth factor）法。

已知未来值 S，求 n 期前的现值 P。

由式（3-3）可知，$S = P(1+i)^n$

则

$$P = \frac{S}{(1+i)^n} = S \times (1+i)^{-n} \tag{3-4}$$

式中 $(1+i)^{-n}$ ——一次偿还现值因数。

（3）定额系列复利因数（uniform- series compound- amount factor）法，如图 3-2所示。

已知一连串等额的末期偿付值 R，求 n 次偿付后的未来值（本利和）为多少？

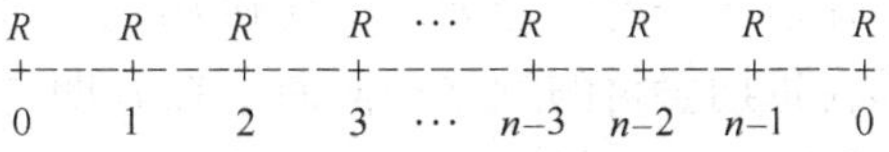

由图 3-2 可知：

第一笔 R 换算为 n 期末的未来值 S_1 为：

图 3-2 定额系列复利因数法

$$S_1 = R(1+i)^{n-1}$$

第二笔 R 换算为 n 期末的未来值 S_2 为：

$$S_2 = R(1+i)^{n-2}$$

$$\vdots$$

第 $n-1$ 笔 R 换算为 n 期末的未来值 S_{n-1} 为：

$$S_{n-1} = R(1+i)^{n-(n-1)} = R(1+i)$$

第 n 笔 R 换算为 n 期末值 S_n 为：

$$S_n = R(1+i)^{n-n} = R$$

总未来值 $S = S_1 + S_2 + \cdots + S_n$

$$= R(1+i)^{n-1} + R(1+i)^{n-2} + \cdots + R$$

$$= R\frac{(1+i)^n - 1}{(1+i) - 1} = R\frac{(1+i)^n - 1}{i} \tag{3-5}$$

式中 $\frac{(1+i)^n - 1}{i}$ ——定额复利因数。

例 3-4 每年存入 1000 元，年利率 10%，每年计息一次，10 年后的未来值（本利和）为：

$$S = 1000 \times \frac{(1+i)^n - 1}{i} = 15937 \text{ 元}$$

（4）基金储存因数（sinking- fund deposit factor）法。

已知预期要获得的未来值 S，设年利率为 i，求在 n 期内，每期应存入多少款额 R。

这一计算公式实际上是式（3-5）的逆运算，即：

$$R = S \times \frac{i}{(1+i)^n - 1} \tag{3-6}$$

式中　$\dfrac{i}{(1+i)^n-1}$——基金存储因数。

例3-5　已知10年后要获得未来值10000元，若年利润为10%，每年利息一次，每年应存入等额款项 R 为：

$$R = S \times \frac{i}{(1+i)^n-1} = 627.5 \text{元}$$

（5）资金还原因数（capital recovery factor）法。

已知借入一笔资金 P，以复利 i 计算，求在 n 期内还原的等额系列期末偿付额，即在每期偿付的款项相同时，在 n 期内每期还本付息的金额 R 应为多少？将式（3-3）代入式（3-6）得：

$$R = P \times (1+i)^n \times \frac{i}{(1+i)^n-1} = P \times \frac{i(1+i)^n}{(1+i)^n-1} \tag{3-7}$$

式中　$\dfrac{i(1+i)^n}{(1+i)^n-1}$——资金还原因数。

例3-6　已知贷款10000元，第一底开始还本付息，年利润10%，一年计息一次，以复利计算，10年内还清，每年应还本付息：

$$R = P \times \frac{i(1+i)^n}{(1+i)^n-1} = 1627.5 \text{元}$$

（6）定额系列现值因数（uniform-series present worth factor）法。

已知每一期末付出 R 的定额系列偿付，利润为 i，期数为 n，相当于现值 P 多少？

已知定额系列偿付 R，求现值 P 的计算方法，实际上是式（3-7）的逆运算，即：

$$P = R \times \frac{(1+i)^n-1}{i(1+i)^n} \tag{3-8}$$

式中　$\dfrac{(1+i)^n-1}{i(1+i)^n}$——定额系列现值因数，又称为"每期一元的现值"。

例3-7　10年内每年偿付等额款项1000元，年利率10%，每年计息一次，折合现值 P 为：

$$P = R \times \frac{(1+i)^n-1}{i(1+i)^n} = 6144.6 \text{元}$$

3.2　经济效果的评价指标

目前，矿山企业经济效果比较和评价时，常用的指标有：

（1）单位产品投资额（即吨矿投资指标），其计算公式为：

$$R = \frac{K}{A} \tag{3-9}$$

式中　R——单位产品投资额（吨矿投资指标），元；

　　　K——方案的总投资，元；

　　　A——产品年生产能力（设计生产能力），t。

（2）投资回收期和投资效果系数。

1）投资回收期。投资回收期用以表示方案投产后，收回全部投资的年限。其计算公式为：

$$T_1 = \frac{K}{R} \tag{3-10}$$

式中　T_1——绝对投资回收期，年；

　　　R——年利润（包括税金），元；

　　　K——投资总额，元。

2）投资效果系数。投资效果系数表示单位投资所获得的利润。它是投资回收期的倒数，以 E_1 表示，即：

$$E_1 = \frac{R}{K} \tag{3-11}$$

式中　E_1——绝对投资系数（或称静态投资收益率）。

用于两方案比较时，可能出现某种情况：一方案基建投资低，但年经营费用高；而另一方案却相反，年经营费用低，基建投资高。这时单纯比较某一项费用，不能确定方案的优劣，就需要一个综合指标来评价方案的经济效果。于是：

$$T_2 = \frac{K_2 - K_1}{C_1 - C_2} \tag{3-12}$$

式中　T_2——相对投资回收期（或称投资资金差额返本期），年；

　　C_1，C_2——分别为方案一、方案二的年经营费；

　　K_1，K_2——分别为方案一、方案二的基建投资额。

应该指出的是式（3-12）中的 K_1、K_2 仅是随方案变化的某些不同项目的可比较投资，而 C_1、C_2 是可以投资项目的相应的经营费。

用相对投资回收期（投资资金差额返本期）表示两种方案比较时，以某方案节省的年经营费来补偿多花投资部分的年限。

相对投资效果系数又称为投资差额效果系数，其计算公式为：

$$E_2 = \frac{1}{T_2} = \frac{C_1 - C_2}{K_2 - K_1} \tag{3-13}$$

式中　E_2——相对投资效果系数。

其他符号意义同式（3-12）。

相对投资效果系数表明单位投资差额所能获得年经营费的降低额。

　　由上述公式计算所得的投资效果系数 E_2 和投资资金差额返本年限 T_2 要和本部门规定的或类似企业的投资效果系数 E_0 和投资资金差额返本年限 T_0 比较。

　　$E_2 \gg E_0$ 或 $T_2 \ll T_0$，说明基建投资大的方案比较合理；反之，$E_2 \ll E_0$ 或 $T_2 \gg T_0$，则基建投资小的方案比较合理。

　　目前，国家额定投资资金差额返本年限 T_0 为 5~6 年；国家额定的投资效果系数 E_0 为 0.167~0.2 元。

　　例3-8　建设某矿山，拟定采用两个开拓方案。Ⅰ方案采用平硐溜井方案，Ⅱ方案采用盲竖井溜井方案。Ⅰ方案的基建投资（不同部分）为 1600 万元，年经营费用（不同部分）为 500 万元；Ⅱ方案的基建投资 2000 万元，年经营费 400 万元。问选择哪个开拓方案。

　　按式（3-12）得：

$$T_2 = \frac{K_2 - K_1}{C_1 - C_2} = \frac{2000 - 1600}{500 - 400} = 4 < T_0$$

　　按式（3-13）得：

$$E_2 = \frac{C_1 - C_2}{K_2 - K_1} = \frac{500 - 400}{2000 - 1600} = 0.25 > E_0$$

　　由此可见，Ⅱ方案即盲竖井溜井方案的，基建投资虽比Ⅰ方案大 400 万元，但 4 年就可以回收差额部分投资，而且其投资差额效果系数大于额定的 E_0。故Ⅱ方案为最优方案。

3.3　经济效果的评价方法

　　矿山企业投资项目的经济效果或方案选择的经济比较评价方法分为静态法和动态法两种。

3.3.1　静态法

　　静态法是不考虑资金的时间价值，而是以静止的、固定不变的观点来进行投资项目的经济分析和经济计算的评价方法。作为静态法的经济效果评价指标，如单位产品投资额、投资回收期、投资效果系数，在进行方案评价时，具有一定的局限性，它没有考虑服务年限。因为服务年限不同，其投资效果是不一样的。而且估算各方案经济指标的相对值（差额效果系数）或绝对值（效果系数）均为静止的平均值，不反映方案投入资金后的收益大小。采用静态法进行方案比较，在某些情况下难以得出比较确切的评价。由于静态法在经济评价中没有考虑各个因素的变化，只着眼于某一时间内较有代表性的指标对整个服务年限内的经济效果进行评价，因此不能全面地、客观地反映项目或方案经济效果的真实性。

3.3.2　动态法

动态法考虑了资金的时间价值，并以变化的、运动的观点分析各种技术因素，选取指标、研究经济问题和预测经济效果的评价方法。

动态法常用的有贴现法与净现值法。

3.3.2.1　贴现法

贴现法（discounted cash flows，DCF）即计算投资收益率。投资收益率在国外称为内部收益率。其实质是寻求一个贴现率（或称报酬率、利率），用这个贴现率使计算年限内各年的现金流入和现金流出的贴现值合计刚好相等，则这个贴现率就是投资收益率。

现金流入与现金流出的代数和称为净现金流量。净现金流量是企业经济分析的基础。

贴现法有一个基准年，即贴现到哪一年，基准年一般定在建设年初（即零年）。定在建设初期的只需一次偿付现值因数即可。

用贴现法计算动态投资收益率的一般方法与步骤：

（1）计算各年的现金流入、现金流出、净现金流量。

（2）确定试算的贴现率，试算分两次进行。

第一次试算的贴现率，可以用大约年平均现金流入量除以现金流出总量得出某一值。然后从"报酬率因数表"中寻找该服务年限（n）时 CRF（即 FPR）栏内接近此值的数。此时，接近此值的数一定有两个，即大于和小于此值的两个数。再在该栏中找出相应的 i，即为贴现率（或称报酬率、利率）。

第二次试算，可根据在"报酬率因数表"中查出来的两个大小不同的贴现率，分别计算各年的净现金流量的现值。

计算结果如流入总量大于流出总量，这说明贴现率取小了；反之，如流出总量大于流入总量，这说明贴现率取大了。一直计算到净现值为一正一负时，就不用再试算了。这时用插入法求得的贴现率 i 就为动态投资收益率。

例 3-9　某矿产量 100 万吨，投资 1 亿元，流动资金 2000 万元。每吨矿石售价 70 元，经营费 40 元，矿山存在年限为 10 年。投资及生产情况见表 3-1。试用贴现法计算动态投资收益率（或称全投资收益率）。

贴现法的目的是寻求一个在服务年限内经贴现后的净现金流量为零的贴现率，则此贴现率即为动态投资收益率（或称全投资收益率）。

第一次试算：

$$贴现率 = \frac{大约年平均流入量}{现金流出总量} = \frac{2150}{12000} = 0.17292$$

表3-1 全投资收益率（DCF-ROF）计算表

项 目	建设年份			生产年份										合 计	
	1	2	3	1	2	3	4	5	6	7	8	9	10	−	+
一、现金流量-流入															
销售收入（+）				3500	7000	7000	7000	7000	7000	7000	7000	7000	7000		
经营费（−）				2000	4000	4000	4000	4000	4000	4000	4000	4000	4000		
税金（−）					500	500	500	500	350	350	350	350	350		
设备更新费（−）									500	500	500	500			
流动资金回收（+）													2000		
固定资产残值（+）													1000		
流入合计				1500	2500	2500	2500	2500	2150	2150	2150	2150	5650		
二、现金流量-流出															
基建费用（−）	3700	4800	1500												
流动资金（−）				1000	1000										
流出合计	3700	4800	1500	1000	1000										
三、净现金流量 NCF	−3700	−4800	−1500	500	1500	2500	2500	2500	2150	2150	2150	2150	5650		
15%系数	0.8696	0.7561	0.6575	0.5718	0.4972	0.4323	0.3759	0.3269	0.2843	0.2472	0.2149	0.1869	0.1625		
−1039	−3218	−3629	−986	286	746	1081	940	817	611	531	461	402	918	7833	6794
12%系数	0.8929	0.7972	0.7118	0.6365	0.5674	0.5066	0.4523	0.4039	0.3606	0.322	0.2875	0.2567	0.2294		
311	−3304	−3827	−1068	318	851	1267	1131	1010	775	692	618	552	1296	8199	8510

四、比例计算　311/（311+1039）×3%=0.69%　　DCF-ROF=12%+0.69%=12.69%

注：表中所有涉及资金的单位为万元。

从"报酬率因数表"中 CRF 栏内，寻找服务年限 $n=10$ 时，接近 0.1792 的值为 0.17698 或 0.19925，它们对应的 i 值分别为 12% 或 15%。故投资收益率将在 12% ~ 15% 之间。

第二次试算：先用 15% 试算，计算结果 7833−6794＝1039 万元，流出总量大于流入总量 1039 万元，说明贴现率取大了。贴现率越大，贴现后的现金流入量越小。故再用 12% 试算，计算结果流入总量大于流出总量 311 万元。具体计算见表 3-1 中的第三部分。至此，净现金流量为一正一负，就不用再试算了。最后用拆入法求算 i（见表 3-1 中的第四部分），此时，$i=12.69\%$，即为所求的动态投资收益率或称全投资收益率。

3.3.2.2 净现值法

净现值法（net present value，NPV）的实质是以国家规定的基准收益率作为贴现率，把服务年限内各年的净现金流量分别贴现为基准年的现值。看贴现后的现金流入和流出总量谁大谁小。如流入总量（即净现值）大于流出总量，则表明投资不但能得到符合收益率的利益，而且还可以得正值差额利益，工程项目为可行。如流入等于流出，则表明投资正好能得到符合基准收益率的利益，工程项目为可行。如流出大于流入，则表明投资达不到基准收益率的利益，工程项目为不可行。因此，净现值的大小可用来评价工程项目和方案的优劣，其表达式为：

$$NPV = \sum_{t=0}^{n} \frac{CF_t}{(1+i)^t} \tag{3-14}$$

式中　NPV——净现值；

　　　CF_t——第 t 年的现金流量；

　　　n——全部计算年限；

　　　t——计算年限内的各年，$t＝1$，2，3，…，n；

　　　i——基准收益率或期望投资收益率。

例 3-10　矿山投资项目，历年的净现金流量见表 3-2，各期的投资收益率为 10%，求其净现值？

表 3-2　净现值（NPV）计算　　（万元）

年　份		现 金 流 入			现 金 流 出			净现金流量	贴现率（10%）	贴现值（DCP）
		销售收入	产品成本	合计	基建投资	流动资金	合计			
建设年份	0				1450		1450	−1450	1.000	−1450
	1				2673		1673	−2673	0.90909	−2436
	2				2481		2481	−2481	0.22645	−2050

续表3-2

年　份		现　金　流　入			现　金　流　出			净现金流量	贴现率(10%)	贴现值(DCP)
		销售收入	产品成本	合计	基建投资	流动资金	合计			
生产年份	1	2048	1450	598		365	-365	231	0.75131	174
	2	3136	2157	979		230	-230	749	0.68201	512
	3	5120	2975	2145		986	-986	1159	0.62092	720
	4	5120	3048	2072				2072	0.56007	1170
	5	5120	3120	2000				2000	0.51010	1026
	6	5120	3145	1945				1945	0.46651	907
	7	5120	3072	2048				2048	0.22410	869
	8	5120	3088	2032				2032	0.22556	783
	9	5120	3105	2015				2015	0.35049	706
	10	5120	3052	2068				2068	0.31803	658
合　计					+1589					

由表3-2计算结果，其净现值为+1589万元，该投资项目经济效果较好。

采用净现值法评价投资项目还有一定难度。净现值法可用于方案比较。

例3-11　某矿山深部开拓计算了两个方案，所用的投资及各年的利润见表3-3，方案的期望收益率为6%。试评价方案的优越性。

表3-3　净现值方案比较　　　　　　　　　　　　　　　（万元）

年　份		一次偿付现值系数	方案Ⅰ		方案Ⅱ	
			净现金流量	现值	净现金流量	现金
		a	b	ab	c	ac
建设年份	0	1.0000				
	1	0.94340	-2100	-1981.1	-1000	-943.4
	2	0.89000	-1000	-890.0	-2500	-2225
	3	0.83962	-375	-314.9	-400	-335.8
生产年份	4	0.79209	750	594.1	760	602
	5	0.74726	842	629.2	850	635.2
	6	0.70496	814	573.8	824	580.9
	7	0.66506	788	524	790	525.4
	8	0.62741	766	480.6	755	473.7
	9	0.59190	747	442.2	740	438
合　计				+57.9		-249

由表3-3计算结果，方案Ⅰ净现值大于方案Ⅱ，而方案Ⅱ达不到期望收益率。方案Ⅰ优于方案Ⅱ。

例3-12 某矿山中段平面开拓工程选用的开拓及设备投资方案有三种，中段服务年限为4年，期望收益率为5%。三种方案投资及年经营费见表3-4，求最优方案。

表3-4　各方案基建投资及年经营费　　　　　　（万元）

方案		Ⅰ	Ⅱ	Ⅲ	说　明
基建一次投资		320	310	300	投资包括开拓巷道及设备
年经营费	1	18	20	25	经营费=成本−折旧费
	2	18	22	25	
	3	20	23	26	
	4	20	24	28	
残余价值	5	34	32	30	残余价值包括设备安装等

从表3-4中三方案投资来看，方案Ⅲ较优，因其基建投资低于方案Ⅰ和方案Ⅱ。但从经营费来看，方案Ⅲ最差，因其经营费用高、残余价值低。因此，为了选择经济上的最佳方案，需用净现值法将三种方案的经营费和残余价值换算成现值，再加以比较，结果见表3-5。

表3-5　现值计算

年份	项目	现值系数 A	比较方案		
			Ⅰ	Ⅱ	Ⅲ
0	基建投资	1.000	320	310	300
1	经营费	0.95238	(18×A) 17.14	(20×A) 19.05	(25×A) 23.81
2	经营费	0.90703	(18×A) 16.33	(22×A) 19.95	(25×A) 22.68
3	经营费	0.86384	(20×A) 17.28	(23×A) 19.87	(26×A) 22.46
4	经营费	0.8227	(20×A) 16.46	(24×A) 19.74	(28×A) 23.04
5	残余价值	0.8227	(34×A) 27.97	(32×A) 26.33	(30×A) 24.68
现值总和	$\sum P = 0+1+2+3+4-5$		359.24	362.28	367.31

比较结果：方案Ⅰ的现值最低，比方案Ⅱ少3.04万元，比方案Ⅲ少8.07万

元。如果其他条件相同，从经济效果看方案Ⅰ为最佳方案。

应当指出：（1）用净现值法进行方案比较，投入现值小于收回现值，将产生正值；收益率一定时，净现值越大的方案，投资效果越好。（2）从例3-12可以看出，净现值低的方案为最优，因为其经营费和基建投资均为净现金流出。

3.4　财务收支平衡表

财务收支平衡表是目前国内外进行可行性研究和技术经济评价常用的方法之一，简称为平衡表。它是根据当前财务条件，运用分析的方法，以企业的整个服务年限或一定时期为计算周期，对企业经济活动逐年进行计算与平衡的一种经济分析的表格。

利用平衡表进行分析评价是企业经济分析的重要方法。

3.4.1　平衡表的组成

平衡表分为横、竖两栏，见表3-6。横（竖）栏分"建设年份"和"生产年份"两部分，它是根据矿山基建季度计划划分的。在建设年份中一般应列出"0"年。"0"年是指正式开工的年份。"0"年发生的费用为施工准备阶段发生的费用和国外贷款的预付金。"0"年也是资金贴现的基准年。

表3-6　平衡表的组成　　　　　　　　　（万元）

项目名称	建设年份				生产年份				合计
	0	1	2	…	0	1	2	…	
一、资金来源									
1. 销售状况									
2. 贷款　国内									
国外									
3. 流动资金贷款									
4. 流动资金回收									
5. 其他费用									
6. 合计									
二、资金占用									
1. 基建费用									
国外投资									
国内投资									
2. 资本化利息									
3. 经营费									
4. 税金									
5. 维简费									
6. 主管费									
7. 销售费									

续表 3-6

项目名称	建设年份				生产年份				合 计
	0	1	2	…	0	1	2	…	
8. 利息									
9. 偿还贷款									
10. 盈利金额									
11. 合计									

平衡表的竖（横）栏分为两大部分：资金来源和资金占用。

资金的来源部分主要包括：产品销售收入、国内外基建贷款、流动资金回收及其他费用。

资金占用部分主要项目包括：基建费用（分国内、国外投资）、资本化利息（外资、内资）、生产经营费、税金（工商税、所得税等）、流动资金利息、基建贷款利息（国外、国内）、维简费、销售费、主管费、偿还贷款（国外、国内）、盈余金额等。

平衡表一般按矿山企业整个服务年限计算，最多以 25 年为限。若在 25 年以内贷款未偿清，则可推算到借款偿清为止。平衡表是推算贷款偿还期和投资收益率的基础。

3.4.2 平衡表的内容和作用

平衡表是记录和预测矿山企业从基建开始，经投产、达产直到矿山生产结束为止的整个服务年限内矿山企业的全部经济活动成果的表格。因此，要求包含以下内容：

（1）企业每年的财务收支情况；

（2）企业每年的盈亏金额；

（3）企业的借贷（债务）情况和偿还能力；

（4）企业每年偿还贷款的金额和偿清全部贷款债务的时间，从而可以看出是否超过国家允许时间；

（5）推算基建投资回收年限，以便和国家标准年限进行比较。

概括起来平衡表有以下作用：

（1）全面反映了矿山企业经济活动成果；

（2）对矿山企业的经济效果进行全面评价；

（3）对项目建设提供决策依据。

3.4.3 平衡表的编制和计算方法

如上所述，平衡表的内容繁杂、计算工作量大。在实际工作中，根据设计工作的深度和要求，可以进行必要增减或适当简化。但其中销售收入、基建投资、流动资金、经营以及利息等项是基本的，缺一不可。

有关矿山企业财务收支平衡表的编制程序和计算方法，现以太钢峨口铁矿的实例进行说明。

3.4.3.1　计算依据

计算依据主要包括矿山技术指标、经济指标和各类费率的确定，具体如下：

（1）矿山规模 400 万吨，精矿产量 155.2 万吨。

（2）矿山为露天开采，平硐溜井开拓，矿山基建期四年，第四年投产，投产三年达产。矿山服务年限 38 年。

（3）铁精矿品位 65%，销售价格 52.5 元/t。

（4）矿山基建投资共 20000 万元。其中，采矿部分 9500 万元、选矿部分 10500 万元（包括外部运输、供电、供水等投资）。建设资金来自国家基建银行的贷款。

（5）根据上级规定，结合矿山具体条件，各种费用和费率的确定如下：

1）在合同期内基建贷款年利率为 3%，超期利息加倍。投产前的贷款利息，可在贷款中支付，用于支付利息的贷款不再计息。

2）固定资产年税率 2.4%，每年缴税一次，还债期间不征固定资产税。

3）正常设备更新及新产品试制等费用，按固定资产基本折旧费的 70% 计。

4）上级主管部门的费用按固定资产基本折旧费的 30% 计，还债期间不缴。

5）流动资金按年利率的 2.52% 计。

6）工商税按国家规定，按销售收入的 5% 计，还债期间不缴。

7）从矿山投产至偿还贷款期间，企业的全部盈余现金用于偿还贷款本息，不留提成。

8）固定资产原值：采矿部分按基建投资额减机修、工人村、生活福利设施及基建剥岩等投资的 80% 计，选矿部分按选矿投资额减机修、工人村及生活设施等投资的 85% 计。

3.4.3.2　计算方法

A　资金来源

（1）逐年销售收入（由逐年精矿产量乘以销售价格）。

（2）国内贷款。

1）基建投资贷款，根据逐年基建投资额分期贷款并计算资本化利息。逐年基建额见表 3-7。

2）流动资金按年经营费的 70% 计算，逐年借贷。

B　资金使用

（1）基建费用。与上述基建投资贷款相对应，采矿为 9500 万元，选矿为 10500 万元，共计 20000 万元。

表 3-7 逐年基建额 （万元）

项目年份	1	2	3	4
采矿部分	1900	3300	3300	1000
选矿部分	2100	4200	4200	
合　计	4000	7500	7500	1000

（2）资本化利息，共 750 万元，计算方法及过程如下：

资本化利息 = 前期贷款金额 × 3% + 0.5（当年贷款金额 × 3%）

第 1 年资本化利息额：$1/2 \times 4000 \times 3\% = 60$ 万元。

第 2 年资本化利息额：$4000 \times 3\% + 0.5 \times (7500 \times 3\%) = 232.5$ 万元。

第 3 年资本化利息额：$(4000 + 7500) \times 3\% + 0.5 \times (7500 \times 3\%) = 457.5$ 万元。

资本化利息合计：$60 + 232.5 + 457.5 = 750$ 万元。

（3）经营费，为成本费减折旧费。

（4）税金，包括工商税和固定资产税。

1）工商税按产值的 5% 计。根据规定在还款期间不纳税，偿清贷款后即缴纳工商税。

2）固定资产税。

采矿部分固定资产税：$(9500 - 1000) \times 80\% \times 2.4\% = 163.2$ 万元。

选矿部分固定资产税：$(10500 - 1500) \times 85\% \times 2.4\% = 183.6$ 万元。

根据规定在还款期间不纳税，偿清贷款后从第 12 年起缴纳固定资产税。

（5）流动资金计算同"资金来源"部分的流动资金额相适应。

（6）设备更新费用。

采矿设备更新费用 = 采矿基本折旧费 × 70%

$\qquad = (9500 - 1000) \times 80\% \times 5\%（折旧率）\times 70\% = 238$ 万元

选矿设备更新费 = 选矿基本折旧费 × 70%

$\qquad = (10500 - 1500) \times 85\% \times 5\% \times 70\% = 267.8$ 万元

采、选设备更新费合计为 $238 + 267.8 = 505.8$ 万元。从投产的第 4 年开始提取。

（7）上缴主管部门费用。

采矿部门主管费 = 采矿基本折旧费 × 30%

$\qquad = (9500 - 1000) \times 80\% \times 5\% \times 30\% = 102$ 万元

选矿部门主管费 = 选矿基本折旧费 × 30%

$\qquad = (10500 - 1500) \times 85\% \times 5\% \times 30\% = 114.7$ 万元

采、选主管费用合计为 $102 + 114.7 = 216.7$ 万元。在贷款偿清后，从第 12 年起上缴。

（8）利息，包括流动资金利息和基建贷款利息。

1）流动资金利息 = 年流动资金额 × 2.52%。

如第 7 年的流动资金利息：（1295+855+195+534）×2.52% = 72.53 万元，计入第 8 年。

2）基建贷款利息 = 贷款金额 × 3%。

各年的贷款金额是指偿还部分贷款之后的实际贷款金额。如第 4 年矿山投产，生产精矿 74.5 万吨，可获得毛利润 2061 万元，扣除更新费 505.8 万元，基建贷款利息 585 万元后还有盈利 970.2 万元，可全部用于偿还基建款，故第 5 年的实际贷款余额：（4060+7732.5+7957.5+1000）−970.2 = 19779.8 万元。

贷款利息：19779.8×3% = 593.39 万元。

其余各年的利息同样计算。

（9）偿还基建贷款，矿山投产后，用全部盈利偿还银行基建款。

$$企业盈利 = 毛利润 − 更新费 − 流动资金利息 − 基建贷款利息$$

$$毛利润 = 销售收入 − 经营费$$

如第 5 年的盈利额，即偿还基建贷款额：6027−3071.6−505.8−32.63−593.39 = 1823.58 万元。

（10）盈余现金。贷款偿清后的盈利额为企业的盈余现金。

计算过程和结果见表 3-8 所示的财务收支平衡表。

3.4.3.3　财务分析

由表 3-8 可知：

（1）矿山自投产当年起就获利，在第 4~11 年，全部贷款偿清并有 86.54 万元盈余。从 12~23 年盈余现金总计 25346.83 万元。

（2）从矿山基建至生产的 23 年间，向国家缴纳的各种税收、利息及主管费共为 16134.9 万元。其中：

1）从贷款之日起至偿还全部贷款时止，向建设银行付息共计 3106.1 万元；

2）从流动资金贷款之日起至生产的终止，共付息 1378 万元；

3）上缴主管费共 2600.4 万元。

（3）国家总收益为 25346.83+16134.9 = 41481.73 万元。

（4）投资收益比 $= \dfrac{（国家总收益 + 偿还贷款额）}{投资总额}$

$$= \frac{41481.73+20750}{20750} = 3。$$

（5）贷款偿还比 $= \dfrac{基建贷款 + 基建贷款利息}{基建贷款}$

$$= \frac{20750+3160}{20750} = 1.15。$$

综上所述，财务分析收支平衡表对矿山几十年间的经济活动做了比较全面的反映，便于进行经济分析，找出问题并改进工作。

表3-8　财务收支平衡表

（万元）

项目	序号	资金来源 销售收入	国内贷款 基建资金	国内贷款 流动资金	资金合计	资金使用 基建费用	资本化利息	经营费	税金 工商税	税金 固定资产税	流动资金	更新费	主管费	利息 流动资金	利息 基建贷款	偿还基建贷款	盈余金额	合计
建设年份	1		4060		4060	4000	60											4060
	2		7732.5		7732.5	7500	232.5											7732.5
	3		7957.5		7957.5	7500	457.5											7957.5
生产年份	4	3911	1000	1295	6206	1000		1850			1295	505.8			585	970.2		6206
	5	6027		855	6882			3071.6			855	505.8		32.63	539.39	1823.58		6882
	6	6620		194	6814			3348			194	505.8		54.18	538.69	2173.33		6814
	7	8148		534	8682			4112			534	505.8		59.07	473.49	2997.64		8682
	8	8148		−1	8147			4110.2			−1	505.8		72.53	383.59	3075.71		8147
	9	8148		1	8149			4112			1	505.8		72.5	291.29	3166.41		8149
	10	8148		−2	8146			4108.9			−2	505.8		72.5	196.29	3264.51		8145
	11	8148		−3	8145			4104.2	407.4	346.8	−3	505.8		74.48	98.36	3278.62	86.54	8146
	12	8148		5	8153			4112	407.4	346.8	5	505.8	216.7	72.4			2486.9	8153
	13	8148		121	8269			4284.3	407.4	346.8	121	505.8	216.7	72.53			2314.47	8269
	14	8148		87	8235			4408.4	407.4	346.8	87	505.8	216.7	75.57			2187.33	8235
	15	8148		−1	8147			4406.9	407.4	346.8	−1	505.8	216.7	77.57			2186.63	8147
	16	8148		12	8160			4423.9	407.4	346.8	12	505.8	216.7	77.74			2166.66	8160
	17	8148		103	8251			4571.4	407.4	346.8	103	505.8	216.7	78.04			2021.86	8251
	18	8148		2	8150			4574.5	407.4	346.8	2	505.8	216.7	80.64			2016.16	8150
	19	8148		−1	8141			4572.5	407.4	346.8	−1	505.8	216.7	80.69			2018.11	8147
	20	8148		21	8169			4602.5	407.4	346.8	21	505.8	216.7	80.67			1988.23	8169
	21	8148		6	8154			4611.7	407.4	346.8	6	505.8	216.7	81.19			1978.41	8154
	22	8148		15	8163			4633.5	407.4	346.8	15	505.8	216.7	81.35			1956.45	8163
	23	8148		14	8162			4653.5	407.4	346.8	14	505.8	216.7	81.72			1936.08	8162
合计		155074	20750	3257	179075	20000	750	82672	4888.8	4161.6	3257	10116	2600.4	1378	3106.1	20750	25348.83	179081

3.5　矿业风险投资

矿床的勘探和开发是一项极其复杂的综合工程，对此进行投资决策必然会遇到一个风险问题，因此在决策时刻无法完全查明矿床的特点，而且各种环境参数只有事后才能完全清楚，如市场条件、经营成本等。这种风险决策通常包括进一步圈定矿床、确定边界品位和矿石生产能力、选择选矿方法，确定选矿流程、生产矿山的大规模改造以及更新等。

一般来讲，采矿工程的风险（或不确定性）主要来自三方面：

（1）矿山自然条件的不确定性。它主要包括地质条件的不确定性，矿岩物理力学性质、工程、水文条件的不确定性，品位和储量的不确定性等。

（2）社会环境的不确定性。矿产资源的特点（有限性、不均衡性、隐蔽性、复杂性）决定了矿产资源的开发受到错综复杂因素的影响，其中包括市场供需、政府的矿业政策、环境保护法规、国际政策等。

（3）基础资料的不确定性。由于矿床经济评价和矿山可行性研究的大部分基础资料来自类似矿山或者经验，因此其正确性难以保证。

由于矿山工程建设期和投资回收期长，面临着大量不确定性因素，从而导致投资支出能否取得预期效益具有很大的不确定性，加上投资数量巨大，矿山一旦基建，很难再改变投资方向。因此，在矿山可行性研究中，风险分析绝不是可有可无的，必须给予足够重视。

3.5.1　盈亏平衡点分析

盈亏平衡点分析又称为盈亏分界点、盈亏转折点分析，它是企业控制产品成本测算盈利情况、研究经济效果的一种有效的预测方法，对加强企业管理提高经营水平有一定的实用价值。

盈亏平衡点分析的实质是以企业产品的销售收入和生产成本为基础来测算未来可能实现的利润。它是企业产品销售和成本支出处在平衡状态下的一个标志，也就是销售收入和成本支出恰好相等。当销售收入高于平衡点时，说明企业获得利润；低于平衡点时，则发生亏损。

3.5.1.1　销售收入

设单位产品的销售价格为 P，产品的年产量为 X，年销售收入 R 用式（3-15）表示：

$$R = PX \tag{3-15}$$

式（3-15）为一直线方程，如图 3-3 所示，为一从原点出发的直线。

3.5.1.2　产品成本

产品成本中有些费用是与产量有直接关系，随产量的增加而增加；有些费用

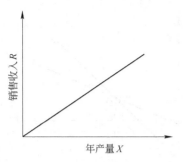

图 3-3　产量与销售收入的关系

是不随产量而变化。因此，成本费用可以分为固定费用和可变费用两部分。

固定费用是与固定资产有关的费用。在固定资产以确定的条件下，它不随产量的增减而变化，如固定资产折旧费、固定资产税以及企业管理费用中有关人员的固定资金、津贴及各项福利费。

可变费用是成本中与产量直接有关的费用，它随产量的增加而增大，如生产中辅助材料的消耗、生产工人的工资、运输费和产品销售费等。

产品年生产总成本与固定费用和可变费用关系为：

$$C = F + VX \tag{3-16}$$

式中　　C——产品年生产总成本，元；

F——年固定费用，元；

V——单位产品可变费用，元/t；

X——产品产量，t。

式（3-16）也为一直线方程，单位产品可变费用 V 为斜率、固定费用 F 为截距，如图 3-4 所示。

由式（3-16）可知，当已知几个产量的总成本时，可以容易地求得 F 及 V。

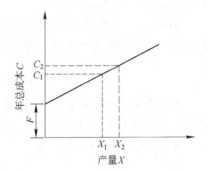

图 3-4　成本与产量关系

设 C_1 和 C_2 为 X_1 和 X_2 时的总成本，则：

$$C_1 = F + VX_1 \tag{3-17}$$

$$C_2 = F + VX_2 \tag{3-18}$$

由式（3-17）、式（3-18），即可得出：

$$V = \frac{C_2 - C_1}{X_2 - X_1} \tag{3-19}$$

$$F = C_1 - VX_1 = C_2 - VX_2 \tag{3-20}$$

3.5.1.3　盈亏平衡点图解法

如图 3-5 所示，画出直角坐标系，横坐标表示年产量，即年销售量；纵坐标表示金额（销售收入和成本）。将销售收入 $R = PX$ 和成本 $C = F + VX$ 两直线方程绘入同一坐标系，相交于 O 点。O 点即为盈亏平衡点，此时收支相互平衡。

由图 3-5 可知，产量低于 X_0 时，企业必然亏损；产量高于 X_0 时，企业有盈利。X_0 为盈亏平衡时的产量，R_0 为盈亏平衡时的销售收入。

A 盈亏平衡产量 X_0

设 C 为完全成本，d 为利润，R 为销售收入。

则
$$d = R - C \qquad (3-21)$$

当产量处于盈亏时，$d = 0$，而 $R = C$。

因此
$$PX_0 = F + VX_0$$

$$X_0 = \frac{F}{P - V} \qquad (3-22)$$

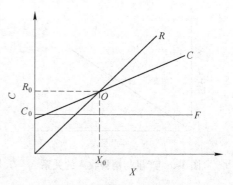

图 3-5 盈亏平衡点图解法

式中 X_0——盈亏平衡时的产量，t。

由式（3-22）可知，当已知单位产品的售价 P、单位产量可变费用 V 和固定费用 F 时，可以求算盈亏平衡（或称收支平衡）产量 X_0。

例 3-13 某矿山设计年产量 $X = 50$ 万吨，单位产品可变费用 $V = 10$ 元 /t，固定费用 $F = 150$ 万元 / 年，矿石售价 $P = 15$ 元 /t，求盈亏平衡量 X_0。

$$X_0 = \frac{F}{P - V} = \frac{150}{15 - 10} = 30 \text{ 万吨}$$

上述计算说明：矿山年产量 30 万吨时，盈亏平衡，即不亏不盈；小于 30 万吨时，出现亏损；大于 30 万吨，企业盈利。

B 盈亏平衡销售收入 R_0

由 $X_0 = \dfrac{F}{P - V}$ 两边各乘以售价 P，则得盈亏平衡收入 R_0，因此：

$$R_0 = PX_0 = \frac{PF}{P - V} = 30 \times 15 = 450 \text{ 万元} \qquad (3-23)$$

续例 3-13：当 $P = 15$ 元 /t、$X_0 = 30$ 万吨时，$R_0 = 450$ 万元。由此可见，只有当年销售收入超过 450 万元时，企业才能有盈利，否则就出现亏损。

C 盈亏平衡生产负荷率 η

将 $X_0 = \dfrac{F}{P - V}$ 两边除以设计生产能力 X，则得盈亏平衡生产负荷率 η：

$$\eta = \frac{X_0}{X} = \frac{F}{X(P - V)} \qquad (3-24)$$

续例 3-13：$X_0 = 30$ 万吨、$X = 50$ 万吨，则 $\eta = \dfrac{30}{50} = 60\%$。

由此可见，企业的产量不可小于设计生产能力的 60%，否则就会出现亏损。

通过对盈亏平衡点的分析，可了解产品销售量变化对预计的企业经济效果和国民经济效果的影响，考虑投资项目可以承担多大程度的减产风险和滞销风险，盈亏平衡点的数值越小越好。

由 $X_0 = \dfrac{F}{P-V}$ 看出，要使盈亏平衡点的数值趋小，产品单位售价 P 要大，而单位产品可变费用 V 则必须小。由图 3-5 也可以看出：P、V 分别为两条直线的斜率。P 越大，$R = PX$ 的直线陡，而 V 值越小，$C = F + VX$ 的直线越平缓，于是两条直线在 X 值和 R 值越小的地方相交，图中直线与 X 坐标所包图的亏损区的面积也越小。所以盈亏平衡点的值越小，表示项目抗风险能力越大，企业投产后的安全性也就大。

D 盈亏平衡分析所研究的问题

运用盈亏平衡分析，可以研究以下问题：

（1）在产品成本与价格一定时，保证企业不亏损的最低产品销售量应为多少。

（2）在产品成本与价格一定时，实现企业计划利润指标的最低销售量应为多少。

计划利润额为 d 时：

$$X_0 = \frac{d+F}{P-V}$$

（3）产品成本、销售量和计划利润指标一定时，应如何确定销售价格 P。

$$P = \frac{VX_0 + F + d}{X_0} = V + \frac{F+d}{X_0}$$

（4）产品价格下降了，销售产量不能增加，计划利润指标又要保证，产品成本额应为多少。

设产品价格下降 ΔP 元，则：

成本下降额　　　$\Delta C = \Delta P X_0$

成本下降率　　　$\dfrac{\Delta C}{C} = \dfrac{\Delta P X_0}{P X_0 - d}$

（5）产品价格。产品成本和计划利润指标分别发生变化时，销售产量应如何随之相应变化。

实际上，由于上述假设调价随着时间的推移不是一成不变的，影响了营销盈亏分析结果的准确性，因此它只能作为其他方法的一种辅助手段。

某矿山企业盈亏平衡图如图 3-6 所示。

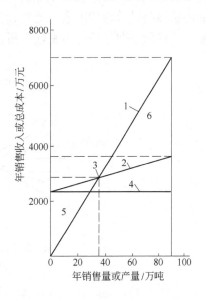

图 3-6　某矿山企业盈亏平衡图
1—销售收入（税后）线；2—总成本线；
3—亏盈平衡线；4—固定成本线；
5—亏损线；6—亏盈区

3.5.2　敏感性分析

　　敏感性分析（sensitivity analysis）用来研究不确定因素对项目经济效果的影响程度。具体地讲，它是研究各种投入变量数值发生变化时，在项目进行决策中各种经济指标的变化程度，如矿山储量、品位、售价发生变化时，表征项目效果的各种指标（如 IRR、NPV 等）的变化过程。不同的不确定因素对资源项目评价指标的影响程度是不同的，即投资项目的评价指标对于不同的不确定因素的敏感程度是不相同的。敏感分析的目的就是要从这些不确定因素中找出特别敏感的因素，以便提出相应的控制对策，供决策时参考。

　　最常用的敏感性分析是分析全部投资内部收益率指标，对以上诸因素的敏感程度（即列表来表示某种因素单独变化或多种因素同时变化时，引起内部收益率变化的幅度），不但应分析有利因素和有利的变化，而且还应着重分析不利因素和不利的变化。一般是从项目的财务现金流量计算中，求算出基本方案的财务内部收益率（i_E），然后从中找出几个因素，将其变动作敏感性分析。图 3-7 所示的敏感性分析图，是通过改变产品（矿石）价格、产品产量、可变成本和固定资产投资，来考察内部收益率的变化，并与财务或国民经济评价的内部收益率临界点对比。由图 3-7 可见，产品价格和产量下降，不能超过 10.05% 和 14%；而可变成本和固定资产投资的增加，不能超过 11.5% 和 31%。并且可以看出，产品的价格是最敏感的因素。此外，根据需要也可以用其他的评价指标如投资回收期、贷款偿还期等进行敏感性分析，分析方法也相同。

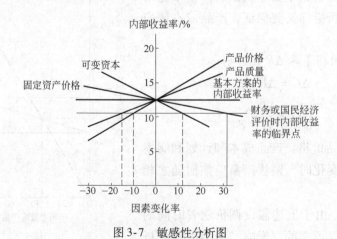

图 3-7　敏感性分析图

3.5.3　概率分析

　　概率分析是对从敏感性分析中得出来的关键因素进行定量分析，目的是确定影响项目经济效益的关键因素变量及其可能变动范围,并在此范围内的概率基础上,进行概率期望值计算,得出定量分析的结果,把本来是不确定的因素通过分析研究其规律,转变为确定的因素,为决策提供依据。通常是计算项目净现值大于或等于零的概率,也可以以内部收益率作为分析指标。

概率分析可以为判断各种投资方案之间的相对效果提供较好的基础,但对降低风险不起作用。当然,某些风险如技术问题、费用、市场预测等,通过进一步调查研究,是可以减少的。而适应性的设计可以使项目有更大的灵活性,以适应将来环境中所发生的变化。

概率分析的步骤如下:

(1) 确定几个不确定因素,如投资、成本、收益等。

(2) 估计不确定因素可能出现的概率。

(3) 计算变量的期望值:

$$E(x) = \sum_{i=0}^{n} x_i p(x_i) \tag{3-25}$$

式中 x_i——随机变量的各种取值;

$p(x_i)$——对应出现变量 x_i 的概率值。

(4) 根据各变量的期望值,求得项目经济效益指标的期望值。简单的概率分析可以计算项目净现值的期望值及期望值大于或等于零的累计概率。在方案比选时,可以只计算净现值的期望值。下面举例说明净现值期望值的求法。

某矿年产量为 150 万吨,设产品销售价格、销售量和经营成本相互独立,其投资、产品售价和年经营成本可能发生的数值及概率变化见表 3-9 ~ 表 3-11。

表 3-9 项目年投资及其概率

年 份	1		2	
可能发生情况	I	II	I	II
投资值/万元	1000	1200	2000	2400
概 率	0.8	0.2	0.7	0.3

表 3-10 项目产品售价及其概率

年 份	3 ~ 12		
可能发生情况	I	II	III
产品售价/万元	150	200	250
概 率	0.4	0.4	0.2

表 3-11　项目年经营成本及其概率

年　份	3～12		
可能发生情况	I	II	III
年经营成本/万元	150	200	250
概　率	0.2	0.6	0.2

净现值的期望值的计算步骤：

第一步，求出各年净现金流量 R'_y：

第 1 年　　　　　　$R'_{y1} = -1000 \times 0.8 - 1200 \times 0.2 = -1040$ 万元

第 2 年　　　　　　$R'_{y2} = -2000 \times 0.7 - 2400 \times 0.3 = -2120$ 万元

第 3～12 年　$R'_{y3-12} = 150 \times (5 \times 0.4 + 6 \times 0.4 + 7 \times 0.2) - (15 \times 0.2 + 200 \times 0.6 + 250 \times 0.2)$

　　　　　　　　　　$= 670$ 万元

第二步，求净现值（按折现率 10% 计算）。

$$R = \sum_{i=1}^{12} R'_y (1 + i)^{-i} = 704.35 \text{ 万元}$$

计算结果表明，在对投资、售价和经营成本三者的概率分析基础上，项目是盈利的。但是，为了确定各种状态下发生的概率，必须进行大量的研究，取得大量的统计数据和资料。这是一项繁琐而艰巨的任务，也是分析结果可靠与否的关键。

3.5.4　不确定性比较

对矿山工程项目的评价通常都是算"未来的帐"，计算中所用的数据都是有条件的，其中许多数据来自预测和评估，而且任何预测和估计都是建立在某种假设、判断和数据统计基础上的。无论采用哪种方法做经济评价，总是带来一些不确定因素。各种不确定性因素综合作用的结果，可能给评价项目带来风险。一般来讲，不确定因素和风险的存在是不可避免的，而技术经济工作的任务，就在于面对风险采取正确的策略、方针，因势利导，力争把风险降到最低程度。为了分析这些因素对企业经济效益的影响，就要进行不确定性分析。

不确定性分析与风险分析既有联系，又有区别。由于人们对未来认识的局限性、可获信息的有限性以及未来事物本身的不确定性，使得投资建设项目的实施结果可能偏离预期的目标。这就形成了投资建设项目预期目标的不确定性，从而使项目可能得到高于或低于预期的获益，甚至造成一定的损失，导致投资建设项目预期"有风险"。通过不确定性分析，可以找出影响项目效益的敏感因素，确定敏感程度，但不知道这种不确定性因素发生的可能性及影响程度。借助于风险分析，可以得知不确定性因素发生的可能性以及给项目带来的经济损失的程度。

不确定性分析找出的敏感因素，又可以作为风险因素识别和风险估计的依据。

　　总之，在矿业经济学中，矿业投资风险分析是一个很重要的内容，也是应用数学一个复杂的分支。当今现代化的矿业公司可以用蒙特卡洛（Monte Carlo）（随机的）计算程序，随机采用不同的收益和费用，对矿山一些不同的年产量和服务年限中各个步骤进行计算，从最终结果找出高利润的年生产能力；也可以把税收和折旧率输入，对未来市场趋势和矿产价格进行预测。这里仅是对盈亏平衡分析、敏感性分析和概率分析的基础概念进行了介绍，未做深入的论述。

　　最后应指出，本章仅对矿区风险评价进行了简略阐述。矿区经济评价在采矿专业是一门技术和经济紧密结合的学科，涉及政治、法律和数理统计等内容，是采矿专业的工程技术人员和专家必须具备的知识。矿区评价总的原则是：既要满足社会主义建设和劳动人民的需求，又要考虑利润，讲求经济效益。那种只强调需求，而不讲求经济效益的做法，或者单纯追求利润，而置国民经济需要于不顾的做法，都是不正确的。所以，在学习发达国家、俄罗斯、东欧等国的矿区评价经验和方法为我所用时，应该有所选择，可以借鉴，但不能完全套用。研究我国风险评价问题时，对此应该特别注意。当前我国正要大力开发矿业，以适应社会主义建设的需要，更应予以重视，特别是要形成一套适合我国具体情况的矿区评价方法。这是我国采矿工作者，尤其是矿业经济工作者，所面临的迫切任务。

习　题

3-1　什么叫单利？什么叫复利？分别说明其特点。

3-2　年利息5%，一年计算一次利息，现值为10000元，10年后的未来值是多少？

3-3　每年存入500元，年利率5%，每年计算利息一次，10年后的未来值是多少？

3-4　已知贷款了100000元，第一年底开始计算利息并还本，年利息按照10%，一年计算利息一次，以复利计算，10年内还清，每年应支付本息 R 为多少？

3-5　什么叫动态法比较？

3-6　什么叫盈亏平衡法？其实质是什么？

3-7　某矿山设计年产量 $X = 200$ 万吨，单位产品可变费用20元/t，固定费用400万元/年，矿石售价40元/t。求盈亏平衡量 X_0。

3-8　什么叫敏感性分析？

4 矿床开采工业指标

4.1 概　况

4.1.1 矿床开采工业指标的意义

矿床开采工业指标是圈定矿体、计算储量、评价矿床的准绳。具体来讲，它具有如下意义：

（1）矿床开采工业指标是当前技术经济条件下，评价矿床是否达到工业利用的综合标准。

（2）矿床开采工业指标是圈定矿体，计算储量的重要依据。

（3）矿床开采工业指标为合理开发矿床和利用矿产资源，确定开采方案提供依据。

矿床开采工业指标的制订合理与否不仅直接影响到工业矿体的圈定，矿产资源数量，质量上的评价和利用程度；同时也影响到矿山企业的建设规模、服务年限以及生产经营的效果。因此，工业指标的确定是个复杂的技术经济问题，必须根据国家对矿产资源的需要、工业生产的水平、技术经济政策，结合矿床地质特征进行综合分析与研究，以便合理确定。

4.1.2 影响确定矿床开采工业指标的因素

确定矿床开采工业指标时，不仅受矿山自然、经济、技术等方面的因素所影响，而且还涉及矿石的加工技术和加工效果。这些影响因素可概括为下列几类：

（1）矿区经济条件。当矿区的交通方便，水、电、人、物力供应充足，产品成本就会降低，这时品位指标可以降低些；反之，则应提高。

（2）矿产资源条件。确定品位指标时，要考虑矿产资源情况。对于国家需要而又紧缺的矿石，或伴生多种有用成分可供利用时，品位可定得低些。矿床类型对品位指标也有影响，如属第Ⅰ勘探类型的细脉浸染型铜矿，较第Ⅱ勘探类型的矽卡岩型或含铜石英脉型的矿床而言，最低工业品位可定得低一些。

矿床储量大小，对品位指标也有影响。一般来讲，矿床储量大时，品位指标可放低些；反之则高。

（3）矿床开采技术条件。矿床开采技术条件一般是指矿体的倾角、厚度、矿石和围岩的物理力学性质等。这些开采技术条件对选择开采方式、开拓方法和采矿方法有着密切关系。不同的开采方式、开拓方法和采矿方法，其基建投资、开采成本以及矿石回收指标等差别很大。露天比地下开采节省投资；平硐比竖井开拓节省投资；崩落采矿法比充填采矿法成本要低。

　　（4）矿石加工技术条件。不同种类的矿石，其选矿方法是不同的。而选矿方法不仅影响选矿厂的基建投资和选矿成本，而且也影响精矿品位、尾矿品位和选矿回收率。如有色金属矿石的氧化矿比硫化矿难选。选矿的回收率不一样，成本也有差别。所以，氧化矿的工业指标（品位）比硫化矿定得要高。

4.1.3　矿床开采工业指标的内容

　　矿床开采工业指标主要包括最低工业品位、边界品位、最低可采厚度、夹石剔除厚度、最低工业米百分值等。

　　（1）最低工业品位。最低（最小）工业品位又称为最低可采品位。它是划分矿石工业品级及平衡表内、平衡表外矿石储量界限的质量指标，是指单个块段或与其相当的能独立开采的矿块内有益组分的平均品位的最低要求。达到了最低工业品位，该块段或矿块在当前的技术经济条件下才有工业利用的价值。此时，计算所得的矿床储量一般称为平衡表内储量。平衡表内储量是矿山设计的依据。

　　（2）边界品位。边界品位是矿石和围岩的分界品位。它是圈定矿体的单个试样中有益组分含量的最低极限。只有达到这一最低极限的试样才能列入工业矿石储量计算边界之内。边界品位和最低工业品位是同时存在的。当边界品位能保证各个储量计算的块段或矿块内全部试样的平均品位能满足最低工业品位的要求，此时边界品位才有意义。因此，用边界品位圈定矿体边界时，既要保证所圈定的块段或矿块内平均品位不低于最低工业品位，同时还应考虑资源利用的可能性。

　　（3）最低可采厚度。最低可采厚度是在一定的技术经济条件下有开采价值的矿体（矿层、矿脉）的最小厚度。只有达到这个厚度的矿石储量才能被列入平衡表内。

　　应当指出，对于不同种类、不同规模的矿床，其最低可采厚度是不同的，它与开采方式和采矿方法密切相关。

　　（4）夹石剔除厚度。夹石剔除厚度是矿体内允许圈入的夹层或岩石的最大厚度，也即废石夹层剔除的最小标准。小于这个厚度的夹石可以和矿石一起计算储量，大于或等于这个厚度的夹石要剔除。

　　（5）最低工业米百分值。最低工业米百分值是矿体的真厚度与矿石有益组分（品位）的乘积。

　　除上述五项基本标准外，根据矿床的不同特征和矿石的不同工业用途还需补充某些指标，如矿石有害组分的最大允许含量、综合利用有益组分的最低品位、矿石工业品级的划分、氧化矿石和原生矿石的界限标准等。

4.2　制订矿床开采工业指标的原则和所需基础资料

4.2.1　制订工业指标的原则

制订矿床开采工业指标的原则如下：

（1）认真贯彻矿山保护和综合利用的方针，最大限度地利用矿产资源。矿石内凡是在现代采、选、冶工艺过程中能够回收的元素，均应进行综合评价，制订综合指标。对于国家急需的矿种，在技术可能的前提下，尽量满足国家当前的需要。

（2）为贯彻精料方针，对优质、高品位的矿石，凡能分采的，应制订分采指标。

（3）对于小型矿床工业指标应充分考虑小矿建设的特点，一般应比相同矿种的大、中型矿床指标略高些。同时，还须充分考虑地方工业发展的需要，因地制宜地确定。

4.2.2　矿体的重新圈定

矿山企业设计中，在下列情况下，须进行矿体的重新圈定：

（1）在勘探阶段，地质勘探部门是根据国家既定的工业指标或采用类似特点的矿床工业指标来作为该矿床圈定矿体、计算储量的标准。勘探结束后，往往由于矿床地质条件的变化，各地区工业水平和加工工艺的差异，产生很大程度的误差。此时，需重新圈定矿体。

（2）当用某一边界品位和最低工业品位，使所圈定的矿体相当零乱、窄小、不连续，开采条件复杂化。如在适当调整指标后，使所圈定的矿体形态变得规整、连续并能保证最低工业品位的要求，应选用调整后的工业指标。

（3）地质勘探部门根据矿床性质、特点，有时按不同金属品种或级别圈定矿体、计算储量，往往形成彼此孤立而又相互干扰的矿体群，或平衡表内和平衡表外储量相互交错、混杂等。为保证矿体的完整性，便于开采，有必要重新圈定矿体。

（4）矿床勘探结束后，由于矿石加工技术和工业生产水平的提高。此时，可以考虑适当降低工业指标，重新圈定矿体。

设计中在确定工业指标，重新圈定矿体时，应会同勘探部门以及设计部门的采矿、选矿、冶炼、技术经济的专业研究决定，并报请领导机关审批。

4.2.3 制订工业指标所需的基础资料

制订工业指标所需的基础资料大体如下：

（1）地区地质构造、矿床地质特征和矿体地质及矿体埋藏条件。

（2）矿石类型、品级及其物质组成等物理、化学性质的简要说明。

（3）矿石取样和分析资料，一般包括岩矿鉴定、物相分析、化学分析，特别是矿石的普通分析资料。

（4）矿石技术加工试验资料，一般应包括原矿性质的研究、选矿试验方法、工艺流程和选别技术经济指标等。

（5）矿山开采技术条件和水文、地质条件。

基础资料中应附有说明矿床地质特征的地形地质图、剖面图、平面图等以及各种试算指标的矿体形态图。

4.3 矿石工业指标制订方法

4.3.1 边界品位和最低工业品位的确定

目前，实际工作中常用的确定边界品位和最低工业品位的方法有类比法（经验法）、统计法（分析法）、价格法和方案法。

4.3.1.1 类比法

类比法又称为经验法，它是根据生产实践经验并参照现有类似矿床的生产指标和统计资料来确定矿石品位。类似性包括矿床地质特征、矿床工业类型、矿石性质和类型、矿石加工技术特征、矿床开采技术条件以及可能的生产规模和开采方式等。既然是类似，不可能完全相同，因此，具有局限性。此法的优点是：简便易行，不需要进行技术经济计算，是目前国内在确定矿床工业指标时普遍采用的方法。其缺点是：没有根据具体情况考虑各方面的因素，只是凭借个人经验和现有数据，带有一定的片面性和局限性，缺乏科学的根据，一般用于有用组分含量简单、矿石加工技术性能不复杂的金属矿床及熔剂原料矿床。对于小型矿床也往往用此法来确定工业指标。如用于确定边界品位时，习惯做法是使边界品位大于或等于尾矿品位的 1.5 ~ 2.0 倍（尾矿品位一般通过实验室试验取得）。

例 4-1 甘肃某铜矿为一典型的矽卡岩型铜矿床，但形态较为简单，主要矿体长 300m，延深 200 余米，平均厚度 10m 左右。矿石中矿物组分简单，有用矿物为原生辉铜矿和斑铜矿，下部伴生有磁铁矿。选矿试验结果：铜的精矿品位 20%，选矿回收率 93%，尾矿品位为 0.1% ~ 0.15%。经与河北铜矿、湖北赤马山等同类型矿山相比，其矿石加工技术特征和其他条件都较相似，故采用上述两矿的工业指标：边界品位 Cu 0.3%，最低工业品位 Cu 0.5%，可采厚度 1m，夹石剔除厚度 2m。生产实践证明效果良好。

4.3.1.2　统计法

统计法又称为分析法。它是应用数理统计的原理，将矿床勘探中的单个样品按有益组分的不同含量划分为适当的品位区间值并进行分组，同时算出各品位区间样品个数及其所占百分数，在此基础上绘制出频率统计图，从中找出明显的变化点。然后，结合各样品品位分布情况和选矿试验成果中的尾矿品位值，进行综合分析来确定其边界品位或最低工业品位。

由于矿床地质条件复杂，同时受样品数量及工程分布不均匀程度等条件的限制，因此应用统计法确定工业指标时，必须要和其他方法配合使用。此法对确定边界品位比较适用。但对确定最低工业品位还需和其他方法配合使用，特别对品位变化较大的矿床，不宜单独使用。

例 4-2　湖南某铜矿，该矿产于红色砂岩和石灰岩中，以氧化矿为主，平均氧化率大于 50% ～ 70%。原指标：边界品位为 0.7%，最低工业品位为 1.0%。对该矿石品位统计结果见表 4-1。

表 4-1　湖南某铜矿品位频率统计

矿体品位/%		0.3～0.5	0.51～0.7	0.71～2.0	2.1～5.0	5.1～10	>10	>20	>30	合计
4 号	样品个数	40	21	57	46	40	18	9	20	269
	品位频率/%	14.87	7.81	21.19	17.1	14.9	6.69	3.34	7.43	100
5 号	样品个数	72	48	123	99	45	23	3	0	442
	品位频率/%	16.29	10.86	27.83	22.4	10.2	5.2	0.67	0	100
6 号	样品个数	79	42	93	70	48	35	8	0	405
	品位频率/%	19.51	10.37	22.96	17.28	11.9	8.64	1.97	0	100

该矿选矿试验的尾矿品位为 0.16%，而投产后的尾矿产品位为 0.29%。由表 4-1 可知，品位在 0.71% ～10% 的样品频率分别为 53.19%（4 号矿体），60.43%（5 号矿体）、52.14%（6 号矿体）。全矿平均品位为 4.65%。为提高资源利用率，宜将边界品位定在 0.5% ～0.7% 处较为合适（图 4-1）。此时资源利用率可达 90% 左右，故推荐边界品位为

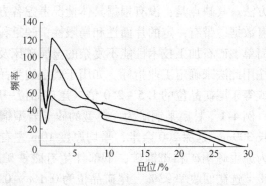

图 4-1　品位频率曲线

Cu 0.5%。

4.3.1.3　价格法

价格法的实质是以国家调拨价格（或者以近 3 年的平均价格）为标准来评价矿产资源的价值。当从矿石中提取 1t 最终产品（精矿或金属）的生产成本与该产品的价格相等时，就可反算出矿石不赔不赚的品位值——临界品位，用来作为圈定矿体、计算储量的工业指标，此临界品位即为最低工业品位。显然，高于临界品位，则盈利；反之，则亏损。

临界品位计算公式分为下面两种情况：

（1）当最终产品为精矿时：

$$\mu_{精} = \frac{1}{\gamma_{精}} C$$

式中　$\gamma_{精}$——精矿的产出率（%），表示矿石加工成精矿时，1t 矿石中得到多少吨精矿，其倒数 $\frac{1}{\gamma_{精}}$ 表示加工成 1t 精矿需多少吨矿石。

而

$$\gamma = \frac{\alpha' \varepsilon_{选}}{\beta_{选}} = \frac{\alpha(1-\rho)\varepsilon_{选}}{\beta_{精}}$$

所以

$$\mu_{精} = \frac{\beta_{精} C}{\alpha(1-\rho)\varepsilon_{选}}$$

调整后

$$\alpha_{临界} = \frac{\beta_{精} C}{\mu_{精}(1-\rho)\varepsilon_{选}}$$

式中　C——1t 矿石的生产费用，即采、选、运输的总费用，元；

$\mu_{精}$——1t 精矿的价格，元；

$\varepsilon_{选}$——选矿回收率，%；

α'——采出矿石品位，%；

α——工业矿石品位，%；

ρ——矿石的贫化率，%；

$\beta_{精}$——精矿品位，%；

$\alpha_{临界}$——矿石临界品位，%。

（2）当最终产品为金属时：

$$\alpha_{临界} = \frac{\delta C}{(\mu_{精} - b)(1-\rho)\varepsilon_{冶}\varepsilon_{选}}$$

式中　δ——金属品位，%；

$\mu_{精}$——1t 金属调拨价格，元；

b——1t 金属产品的冶炼费用，元；

$\varepsilon_{冶}$——冶炼回收率，%。

价格法的主要缺点是只考虑了经济因素，仅用产品价格来衡量矿产资源的合理性，而没有反映其他因素，这是不全面的。因为价格是国家根据社会对产品的需求情况和各部门的平均成本以及考虑政治、经济等因素而制定的，具有一定假设性，故价格法不宜单独使用。很明显，价格法具有计算方法简单和相对准确等优点，故实际工作中使用比较广泛，且常用于检验其他方法所得的结果。

例 4-3 湖南某金矿，在 2001 年重新制定工业指标时，拟订了五个方案。五个方案的工业指标见表 4-2。

表 4-2　湖南某金矿工业指标方案

方案	边界品位 /g·t^{-1}	块段品位 /g·t^{-1}	可采厚度 /m	夹石剔除厚度 /m	备　注
I	≥3	≥5	0.6	2	
II	≥1.5	≥4	1.0	2	矿体厚度小于可
III	≥1.5	≥3.5	1.0	2	采厚度时，可用米
IV	≥1.5	≥3	1.0	2	克/吨值计算
V	≥2	≥4	1.0	2	

按上述指标圈定矿体后，各方案的储量计算结果对比见表 4-3。

表 4-3　各方案储量对比

方案	厚度	矿石量	品位	金属量
I	1.00	1.00	1.0	1.00
II	1.8951	1.7652	0.7302	1.2893
III	1.9510	2.0431	0.6959	1.4229
IV	1.8591	1.6782	0.7509	1.2606
V	1.7762	1.6594	0.7577	1.2580

试算地段占全矿储量的 70% 以上，具有足够的代表性。试圈结果说明：矿体边界轮廓各方案一致；但矿体连续性有差别，I、V、IV 方案均出现"无矿天窗"。

I 方案见矿厚度小于 1m，资源利用率低，IV、II 方案难以确定，故用价格法计算临界品位加以验证。计算采用的参数如下：

(1) 采矿贫化率：$\rho = 15\%$；

(2) 选矿回收率：$\varepsilon_{选} = 87.32\%$；

(3) 采矿成本：$f_1 = 13.5$ 元/t；

(4) 选矿成本：$f_2 = 9.28$ 元/t；

(5) 精矿运输费用分摊：$f_3 = 1.06$ 元/t；

(6) 企业管理费：$f_4 = 10.0$ 元/t；

(7) 营业外支出：$f_5 = 2.0$ 元/t；

(8) 产品价格：$\mu_{金} = 13.45$ 元/t。

则 $\quad \alpha_{临界} = \alpha_{最低} = \dfrac{f_1 + f_2 + f_3 + f_4 + f_5}{\mu_金 \, \varepsilon_选 (1 - \rho)}$

$$= \dfrac{13.5 + 9.28 + 1.06 + 10.0 + 2.0}{13.45 \times 0.8732(1 - 0.15)} = \dfrac{35.84}{9.983} = 3.59\,\mathrm{g/t}$$

4.3.1.4 方案法

方案法是根据矿床的特点和样品化验资料，找出几个具有代表性的边界品位和最低工业品位方案，按照所列的不同品位分别圈定矿体，并算出各方案的矿石储量、矿山企业的生产规模、服务年限。然后再根据不同品位的矿石的采、选、冶回收率算出各方案中的金属产量、每吨金属产品的生产成本、企业的经济效果，以便进行分析比较，从中寻求一个较为合理的工业指标。

方案法具有一定的科学计算根据，在分析问题时，不仅综合了上述三种方法，同时也考虑了各个矿区的特点和当时的一些重要因素，因而方案法是比较完善的，所得的结论也是比较正确的。但是，采用方案法需要做许多细致的计算工作，要求的资料也较全面，所以在使用上受到条件的限制，往往缺乏计算所必需的采、选、冶技术指标，在大多数情况下，只能参照类似矿山的实际数据，因而得出的结论仍然具有不同程度的假定性和主观性。

由于方案法存在上述缺点，在实际工作中经常是首先采用类比法、统计法和价格法或其中任何两种方法的联合决定方案。只有当采用这种综合分析还不能决定时，才采用方案法。

例 4-4 甘肃某铜矿，该矿由露天转入地下开采，需重新研究指标。考虑到该矿后备资源不多，而生产管理水平与采、选、冶技术水平有较大提高，有可能降低工业指标以充分利用资源。确定的四个指标方案如下：

方案	边界品位/%	工业品位/%
I	0.2	0.3
II	0.2	0.3
III	0.3	0.5
IV	0.3	0.5

在缺乏全面技术经济比较的情况下，难以确定哪个方案最合理。故采用方案法进行最终选取，结果见表4-4。

表4-4 甘肃某铜矿工业指标方案技术经济比较

指 标 名 称		方案 I	方案 II	方案 III	方案 IV
工业指标/%		边界：0.2 工业：0.3	表外边界：0.2 工业边界：0.3	边界：0.3 工业：0.5	表外边界：0.3 工业边界：0.5
工业 储量	矿石量/万吨	(100)	(94.20)	(82.24)	(65.76)
	品位/%	1.28	1.41	1.51	1.77
	金属量/万吨	(100)	(98.28)	(96.74)	(90.65)

指标名称		方案Ⅰ	方案Ⅱ	方案Ⅲ	方案Ⅳ
采出矿量	矿石量/万吨	(100)	(91.31)	(89.92)	(74.86)
	品位/%	1.008	1.089	1.133	1.264
	金属量/万吨	(100)	(98.74)	(97.77)	(93.92)
选矿回收量	年产金属/t	(100)	(108.39)	(112.76)	(126.07)
	总产金属/万吨	(100)	(99.06)	(98.07)	(94.41)
采、选主要指标	生产规模/万吨·a^{-1}	(100)	(100)	(100)	(100)
	服务年限/a	30	27	26	22
	采矿方法	联合法及分段崩落			
	贫化率/%	22.43	26.77	29.45	35.68
	选矿回收率/%	92.50	92.80	93.00	93.50
	精矿品位/%	15.50	16.00	16.50	17.00
	产1t铜需原矿量/t	107	99	92	84
生产成本指标/元·t^{-1}	采矿成本	14.904	15.211	15.432	16.098
	选矿成本	5.41	5.43	5.43	5.49
	采选成本合计	20.314	20.641	20.882	21.588
每吨铜价格/元·t^{-1}		4160	4235	4235	4235
年经济指标	年成本/万元	100	101.45	102.58	106.01
	年产值/万元	100	110.34	114.8	128.35
	每吨铜利润/元·t^{-1}	100	110.86	116.81	119.35
	年利润/万元	100	120.16	131.71	153.01
总经济指标	总成本/万元	100	92.72	86.19	79.39
	总产值/万元	100	100.87	99.86	96.14
	总利润/万元	100	109.82	111.6	114.59
	利润差/万元	−5754.56	−1883.01	−1179.11	0
多回收经济核算	多回收1t铜的成本/元·t^{-1}	7348.89	4068.19	3541.23	0
	多回收1t铜的盈亏值/元·t^{-1}	−3188.89	4068.19	3541.23	0
	多回收1t铜损失的利润/元·t^{-1}	5165.68	2024.74	1615.22	0

注：上述均以Ⅰ方案100%计算。

　　对比结果说明，虽然各方案都是盈利的，但对Ⅳ方案而言，Ⅰ方案每多产1t铜要亏损3188.89元。而Ⅱ、Ⅲ方案既可多产铜，又均可盈利。但Ⅱ方案每多产

1t 铜只盈利 167 元，可见其接近工业指标的临界值，如再降低工业指标，就会使新增加矿石的开采出现亏损，而提高指标会使资源利用率下降。因此，宜推荐 Ⅱ 方案指标。

4.3.2 矿体最低可采厚度和夹石剔除厚度的确定

矿床最低可采厚度一般根据矿体地质特征、矿石的经济价值和可能的回采方法等因素综合分析确定。按目前采矿技术水平，坑内矿开采急倾斜矿床时，最低可采厚度为 0.8 ~ 1.0m；开采缓倾斜或近似水平矿床时，为 1.5 ~ 2m。

夹石剔除厚度应根据矿床开采方式、回采方法和采出矿石是否需进行手选等技术条件确定。按目前的采矿技术水平，夹石剔除厚度见表 4-5。

表 4-5　夹石剔除厚度

	开 采 方 式	夹石剔除厚度/m
露采	浅孔爆破、人工运搬	0.5 ~ 10
	小直径中深孔爆破，中、小型装运设备	2
	斜孔深孔爆破，大、中型装运设备垂直深孔爆破，大、中型装运设备	2 ~ 4
地采	土法开采，人工运搬	0.8 ~ 1.0
	分层充填、分层崩落、浅孔落矿	1 ~ 2.0
	中深孔落矿	2 ~ 3

4.3.3 最低工业米百分值

脉状矿床开采时，有许多情况虽然矿体的厚度小于工业指标中所规定的最低可采厚度，但由于矿石中有益组分品位很高，即使在贫化率很大情况下，开采这种矿石仍然是有利的。这时不能机械地以矿体最低可采厚度作为评价的标准，而采用一个新标准——最低工业米百分值，简称米百分值。

最低工业米百分值是矿体的真厚度与矿石中有益组分（品位）的乘积。米百分值是用来确定厚度小于最低可采厚度的那部分矿体的储量能否列入平衡表内的标准。在一般情况下，最低工业米百分值与最低工业品位应该一致。但在下列两种情况应特殊考虑：

（1）矿体厚度和矿石品位的乘积虽低于最低工业品位，但矿石可以用人工方法富化时，最低工业米百分值可低于最低工业品位。

（2）当矿脉的围岩中含有品位时，也应考虑。

表 4-6 列举了常见矿产的工业指标，供设计时参考。

表 4-6　常见矿产的工业指标

矿体名称	矿体类型	边界品位/%		最低工业品位/%		可采厚度/m		夹石剔除厚度/m	
		富矿	贫矿	富矿	贫矿	露采	地采	露采	地采
铁矿	磁铁矿	45~50	20	>50	30	1~2	0.5~1.0	1~2	>0.5
	赤铁矿	45~50	25	48~50	30~35				
锰矿	氧化矿	8		10~15		0.3~0.5		0.3	
	碳酸锰	10~15		20		—		—	
铜矿	硫化矿	0.2~0.3		0.4~0.6		0.8~2		1~4	
	氧化矿	0.4~0.5		0.7		1		2	
铅矿	硫化矿	0.3~0.5		0.7~1.0		0.8~2		1~4	
	氧化矿	0.5~0.7		1~1.5		1		2	
锌矿	硫化矿	0.5~1.0		1~2.0		0.8~1.2		2~3	
	氧化矿	2		3~4		0.8~1.2		2~3	
钨矿	黑钨	0.08~0.10		0.12~0.2		0.8~1.0			
	白钨	0.08~0.15		0.15~0.2		1~2		2~3	
钼矿	原生矿	0.02~0.03		0.04~0.06		1~2		2~4	
锡矿	原生矿	0.1~0.15		0.2~0.3		0.7~1.0		2	
	砂锡矿	150~250g/m³（淘洗品位）		300~350g/m³		0.5		2	
镍矿	硫化镍	0.2~0.3		0.3		0.7~1.0		—	
	硅酸镍	0.5~0.3		0.8~1.2		0.7~1.0		—	
钴矿	原生矿	0.02~0.03		0.03~0.06		1		1~2	
	硫化钴	1kg/m³（边界含矿率）		3~5kg/m³（工业含矿率）		—		—	
铝矿	Al_2O_3	2.1~2.6		2.6~3.8		0.5~0.8		0.5~1.0	
汞矿	原生矿	0.03~0.06		0.06~0.1		0.5		2	
锑矿	原生矿	1.7		1.5		1		2	
金矿	脉金矿	2~3g/t		4.3~5.0g/t		0.6~1.0		2~3	
	砂金矿	0.15~0.1g/t		0.2~0.3g/t		0.2~0.5			

习　　题

4-1　什么是最低工业品位？

4-2　工业指标制订方法有哪些？分别说出各自特点。

5　采矿方法选择

5.1　正确选择采矿方法的意义和要求

采矿方法选择是矿床开采设计和生产中的一项复杂的技术任务。矿床开采过程中的资源能否充分利用、主要技术经济指标（如劳动生产率、材料消耗、矿石质量、矿石成本等）是否合理、劳动强度的大小、生产的安全性和可靠性均与采矿方法有着密切联系，且在某种程度上又取决于采矿方法选择是否得当。此外，采矿方法的改变涉及整个矿山全局性的问题，因此，在设计和生产中必须予以足够的重视。

正确、合理地采矿方法必须满足下列要求：

（1）安全。所选择的采矿方法必须保证工人在采矿过程中能安全生产，具有良好的作业条件（如井下适宜的温度、湿度，可靠的通风、防尘措施）。由于采矿工作是在复杂的地质条件（构造破坏、地压作用）下进行，因此，必须有效地保障人身安全，防止大规模地压活动、突然涌水、地下火灾的发生，防止坑内设备和地表建筑物、构筑物的破坏。

（2）矿石的损失贫化小。考虑到矿产资源的有限性和不能再生的特点，消耗一点少一点。因此，要求选择回采率高、损失率小的采矿方法，以充分利用地下资源。矿石贫化意味着大量废石的混入，降低了采出矿石的质量。矿石的损失和贫化不仅对矿石的成本有直接影响，而且还会影响矿山最终产品的产量任务和盈利总额的完成。一般情况下，所选择采矿方法的回采率在80%～85%以上、贫化率在15%～20%以内为宜。

（3）采矿强度大、生产能力高。它是高效率采矿方法的主要标志，是满足国民经济对矿产需要的根本保证。采矿强度大、生产能力高，其结果是提高了采矿方法的工人劳动生产率，节省了大量人力、物力，同时也有利于采矿工作的安全性。

（4）经济效果好。能降低材料（炸药、雷管、坑木、水泥等）消耗；节省采准切割巷道工程量；减少回采过程中矿石损失贫化；最终反映在矿石成本和盈利指标是优越的。

（5）遵守有关法规。所选择的采矿方法必须满足环境保护和矿产资源保护等法规的要求。

上述基本要求是相互联系的，在选择采矿方法时不能孤立对待，必须全面考虑，综合分析。

5.2　影响采矿方法选择的因素

影响采矿方法选择的因素是多种多样、错综复杂的。有些因素相互联系又相互制约，如矿床地质条件的矿体产状（主要是倾角和厚度）。有些因素受地区部门和当地技术经济条件的限制，如设备的来源、材料的供应、地表是否允许崩落等。但相对可以将这些因素分为固定因素和可变因素两类。固定因素是在任何情况下都起影响作用的因素。而可变因素是在不利条件下起限制作用的因素。

5.2.1　固定因素

固定因素主要指矿石和围岩的稳固性、矿体的倾角和厚度。

（1）矿石和围岩的稳固性在采矿方法选择中起主导作用。因为它决定着采场地压管理方法、采矿方法结构参数和落矿方法等。例如，矿石和围岩均稳固时，除了阶段自然崩落法和壁式崩落法外，在技术上对所有采矿方法均可采用，但应优先考虑采用地压管理方法比较简单的空场法，并可采用较大的矿房尺寸和较小的矿柱尺寸。如果围岩稳固性稍差、矿石稳固或中等稳固、厚度与倾角又合适时，采用阶段矿房法、分段矿房法较为有利，往往可以取得比较好的效果。如果矿石稳固、围岩不稳固时，宜采用崩落法或充填法。如果矿石、围岩均不稳固时，可考虑采用崩落法或分层充填法。

（2）矿体倾角主要影响矿石在采场内的运搬方式。水平或微倾斜矿体可采用有轨、无轨、耙运、链式、板式、胶带等几乎所有运输设备。利用矿石自重运搬方式，必须要求矿体是急倾。具体地讲，15°～18°以下的矿体可以采用无轨自行设备或运输机运搬矿石，如房柱法、全面法和壁式崩落法。倾角不够大，30°以下的矿体，则可采用电耙运搬。只有当矿体倾角大于55°时的急倾斜矿体才有可能利用矿石自重运搬。采用留矿法时，倾角应大于60°～65°，否则平场工作量大。对倾角为30°～50°的矿体，在其他条件合适时，可考虑采用爆力运搬或用溜槽来改善矿石的运搬条件。当采用崩落法，而矿体倾角小于65°时，则应考虑开凿下盘漏斗或在矿块底部开切部分下盘岩石，以减少矿石损失。

（3）矿体厚度影响采矿方法、落矿方式的选择以及矿块布置方式。

如厚度小于0.8m的极薄矿体，要考虑分采（如削壁充填）或混采（如留矿法）。壁式崩落法一般用于厚度不大于3m的矿体；分段崩落法要求矿体厚度大于6～8m；阶段崩落法要求矿体厚度大于15～20m。

浅孔落矿常用于矿体厚度小于5～8m的矿体；中深孔落矿常用于厚度大于

5~8m 的矿体；深孔大爆破常用于厚度大于 10m 的厚矿体。

矿块布置方式根据矿体的厚度而定。开采中厚以下矿体，矿块一般沿走向布置；厚或极厚矿体，则矿块垂直走向布置。

5.2.2 可变因素

可变因素包括矿石价值、品位及其分布情况；矿体的形状及其接触性质；矿石的氧化、结块、自燃性；地表是否允许崩落、开采深度、充填料的来源、设备材料供应情况等。

（1）矿石价值、品位及其分布情况。开采矿石价值高的贵金属和稀有金属矿床（如金、银、镍、铬等）或品位较高的富矿，应选用回采率高、贫化率低的采矿方法，如充填法、分层崩落法。反之，则应采用低成本、高效率的采矿方法，如阶段、分段崩落法或阶段矿房法等。

矿体内品位分布均匀，可采用任何一种采矿方法。如品位分布不均匀且差别很大时，应考虑采用分采或在工作面进行选别回采的采矿方法，同时还可以考虑将品位低的矿石留作矿柱，如全面法、水平分层无底柱分段崩落法等。

（2）矿体形状与接触性质同样影响采矿方法和落矿方式的选择。形状规则、接触明显的矿体可采用任何种类的采矿方法。如矿体形状不规则、接触不明显，不宜采用深孔崩矿的阶段矿房法、深孔留矿法。在形状不规则、接触不明显的薄矿体开采中，不宜采用分采的采矿法（如选别回采充填法）。接触明显，对崩落法来讲反而不太有利。如果围岩有矿化现象，回采过程中，围岩混入的限制可以适当放宽，这时可以采用深孔落矿的崩落采矿法。

（3）矿石的氧化性、结块性和自燃性。易于氧化、结块、自燃的矿石，不能采用大量矿石积压在采场内时间很长的采矿方法，如留矿法和阶段崩落法，宜采用充填法，包括水力充填法和胶结充填法。采用分段崩落法时，也要限制分段的高段和崩落分区（间）的尺寸。

（4）地表是否允许崩落。在地表移动带范围内有河流、铁路重要建筑物或因保护环境的要求，地表不允许崩落。此时，不能选用崩落法或采后崩落采空区的空场采矿法，应采用能维护采空区并能控制岩层移动的充填法，如胶结充填法、水砂充填法等。

（5）开采深度对采矿方法选择的限制，主要是与深部地压有关。开采深度很大会引起冲击地压，发生岩爆现象。当矿体埋藏深度在 500~600m 以上时，不宜采用空场法，应采用崩落法或充填法。

（6）充填料来源和设备、材料供应情况。当地有无廉价和充足的充填材料，如碎石、炉渣、尾矿、砂土和水泥等，是采用充填法特别是胶结充填法所必须考虑的，这有时成为充填法抉择的主要因素。木材是当前矿山紧缺的材料，其来源困难，应尽可能不用或少用木材支护的采矿方法。

凿岩、装运设备及其备品、备件的来源和供应，须事先了解其可能性和可靠性，这对机械化程度高的大型矿山以及地方中、小矿山均具有重要意义。

此外，矿山的技术管理、工人的操作技术水平以及加工部门对矿石质量的要求，在某种程度上对采矿方法的确定均有一定的影响作用，选择时也应考虑。

上述影响采矿方法选择的因素，在不同的条件下所起的作用也是不同的，必须针对具体情况进行具体分析，全面、综合加以考虑，选出最优的采矿方法。

5.3 采矿方法选择的步骤与方法

矿山在进行采矿方法选择前，首先应对开采区域内的矿体条件进行归类、分类，按照影响采矿方法选择的要素（主要是矿体厚度、倾角）进行分类，之后按照每类矿体条件分别进行采矿方法的选择。

采矿方法选择一般要经过方案的初选、技术经济分析和详细的技术经济计算与综合分析比较等3个步骤。

（1）初选方案。在进行该工作时，按照矿体条件需要将可能适用的全部采矿方法列出，然后按固定因素和可变因素，用删去法初选采矿方法方案。

首先应根据设计矿床的具体地质条件和开采技术经济条件，列出固定因素和可变因素（表5-1），并加以逐个分析。在分析每个因素时，淘汰不适用的采矿方法，列出相应可采用的采矿方法方案。此时，经筛选后，余下符合要求的采矿方法方案一般不超过 3 ~ 4 个。

表 5-1 用删去法选择采矿方法

因　素	可采用的采矿方法		
	空场法类（Ⅰ）	崩落法类（Ⅱ）	充填法类（Ⅲ）
一、固定因素			
1. 矿石稳固性			
（1）矿石			
（2）围岩			
2. 矿体倾角			
3. 矿体厚度			
二、可变因素			
1. 矿石价值			
2. 矿石的品位及其分布			
3. 矿岩接触性质			
4. 矿石氧化、结块、自燃性			
5. 地表是否允许崩落			

（2）技术经济分析。对每个初选出的采矿方法方案，要大致确定出其主要构成要素、采准切割布置和回采工艺，绘制出采矿方法图，并按矿块生产能力、采准切割工作量、主要材料消耗、矿石的损失率、贫化率、工人劳动生产率、采出矿石成本等指标，列表进行技术经济分析（表5-2），从而选出相对较优的采矿方法方案。

表5-2 技术经济指标

指 标 名 称		Ⅰ方案	Ⅱ方案	Ⅲ方案
1. 矿块生产能力	矿房/t·d^{-1}			
	矿柱/t·d^{-1}			
2. 采准比/m·kt^{-1}				
3. 矿石损失率/%				
4. 矿石贫化率/%				
5. 劳动生产率	全员/t·（人·a）$^{-1}$			
	工人/t·（人·班）$^{-1}$			
6. 材料消耗	（1）炸药/kg·t^{-1}			
	（2）雷管/个·t^{-1}			
	（3）钢钎/kg·t^{-1}			
	（4）硬质合金/g·t^{-1}			
	（5）木材/m^3·t^{-1}			
	（6）水泥/kg·t^{-1}			
7. 采出矿石成本/元·t^{-1}				

进行技术经济分析对比的这些指标，一般不做详细计算，而是根据所确定的各采矿方法构成要素、采准布置方式和回采工艺过程，参照类似矿山的实际资料或扩大指标选取。在分析对比上述指标时，对某一方案来讲，这些指标不可能全部优越，而是有好有差，这要抓住主要矛盾，综合分析，确定优劣。

（3）一般情况下，经过技术经济分析便可判别优劣，选出最佳方案。如果经过技术经济分析之后，仍不能选定最佳采矿方法方案，此时，存在着难分优劣的2~3个方案，则须进行第三步骤，即对其各方案进行详细的技术经济计算与综合分析比较，选择最优方案。

5.4 采矿方法的经济比较与评价

一般情况下，经过技术经济指标的分析和比较，就可以决定方案的优劣，如还不能解决问题，则可以对为数不多的（一般为2~3个）、难以抉择的采矿方法方案进行详细的经济计算与综合分析比较。

采矿方法经济比较的目的在于从经济角度经过计算，进行综合分析比较，选择最优的采矿方法方案。评价的经济指标有产品成本和盈利指标、矿石开采的损失指标、劳动生产率指标等。

5.4.1 产品成本和盈利指标

5.4.1.1 成本指标

（1）矿石的成本指标。参与比较的各方案所采出的矿石质量相同，可以采用矿石成本指标作为评比的准则，即比较每吨采出矿石的成本。这时，两方案每吨采出矿石成本差额 S_0 为：

$$S_0 = \alpha_1 + \alpha_2 \tag{5-1}$$

式中　α_1，α_2——分别为第一、第二方案每吨矿石的开采成本，元。

用第一方案百分比表示，则：

$$S_0' = \frac{S_0}{\alpha_1} = \frac{\alpha_1 + \alpha_2}{\alpha_1} \times 100\% \tag{5-2}$$

整个矿床开采期间，用第二方案代替第一方案可以节省的成本总额（元）：

$$S_{总} = (\alpha_1 - \alpha_2) \frac{K_1 Q}{1 - \rho_1} \tag{5-3}$$

式中　K_1——用第一方案开采时的工业储量回收率，%；

　　Q——矿床的工业储量，t；

　　ρ_1——第一方案的矿石贫化率，%。

（2）最终产品（精矿或金属）成本指标。参与比较的各方案采出矿石的质量不同，而最终产品质量相同，可以用这一指标来进行评价。这时，两方案每吨最终产品的成本差 S 为：

$$S = C_1 - C_2 \tag{5-4}$$

式中　C_1，C_2——分别为第一、第二方案每吨最终产品的成本，元。

用第一方案的百分比表示，则：

$$S' = \frac{C_1 - C_2}{C_2} \times 100\% \tag{5-5}$$

整个矿床开采期间，用第二方案代替第一方案成本节省总额：

$$S_{总} = G(C_1 - C_2) = \frac{K_1 Q}{1 - \rho_1} \gamma_1 (C_1 - C_2) \tag{5-6}$$

式中　G——第一方案的金属总量，t；

　　γ_1——第一方案的最终产品产出率，%。

现在来讨论最终产品成本 C 的计算，下面分几种情况：

1）从矿石提取一种有用成分时。

每吨精矿的成本为：

$$C_K = \frac{1}{\gamma_K} \left(\alpha + f_p + t_p \right) = \frac{\beta}{\alpha' \varepsilon_K} \left(\alpha + f_p + t_p \right) \tag{5-7}$$

式中　γ_K——精矿的产出率，%；

　　　α——吨矿开采成本，元；

　　　f_p——吨矿选矿加工费，元；

　　　t_p——吨矿运输到选矿场运输费，元。

当矿石经过选矿再进行冶炼时，每吨最终产品（金属）的成本为：

$$C = \frac{1}{\gamma} \left(\alpha + f_p + t_p \right) + \frac{1}{\gamma_m} \left(f_k + t_k \right)$$

$$= \frac{\delta}{\alpha' \varepsilon} \left(\alpha + f_p + t_p \right) + \frac{\delta}{\beta \varepsilon_m} \left(f_k + t_k \right) \tag{5-8}$$

式中　γ——最终产品产出率，%；

　　　γ_m——从精矿冶炼成金属时，金属的产出率，%；

　　　δ——金属的品位，%；

　　　α'——采出矿石的品位，%；

　　　ε——矿石加工成最终产品（金属）的总回收率，%；

　　　ε_m——精矿冶炼回收率，%；

　　　β——精矿品位，%；

　　　f_k——每吨精矿冶炼加工费，元；

　　　t_k——每吨精矿从选矿厂运到冶炼厂的运输费，元。

当矿石不经过选矿直接冶炼时，每吨最终产品的成本为：

$$C = \frac{\delta}{\alpha' \varepsilon} \left(\alpha + f_k' + t_k' \right) \tag{5-9}$$

式中　f_k'——矿石直接冶炼时，每吨矿石的冶炼费，元；

　　　t_k'——每吨矿石从坑口运到冶炼厂的运输费，元。

如加工费按照每吨（金属）计算，则：

$$C = \frac{\delta}{\alpha' \varepsilon} \left(\alpha + t_k' \right) + f_m \tag{5-10}$$

式中　f_m——每吨成品（金属）冶炼加工费，元。

2）从矿石中提取多种有用成分时，按每吨矿石的开采和加工费用计算。

当产品为精矿时：

$$u = \alpha + f_p + t_p \tag{5-11}$$

式中　u——每吨矿石的开采和加工费用，元。

当产品生产过程包括采矿、选矿、冶炼时：

$$u = \alpha + f_p + t_p + \sum_0^n \frac{\alpha' \varepsilon_k}{\beta} (f_k + t_k) \tag{5-12}$$

在整个矿床开采期间内，用第二方案代替第一方案时，可以节省的成本总额为：

$$S_{\text{总}}=\left(\frac{u_1}{\gamma_1}-\frac{u_2}{\gamma_2}\right)\frac{k_1 Q}{1-\rho_1}\gamma_1 \tag{5-13}$$

式中 u_1，u_2——分别为第一、第二方案每吨矿石的开采和加工费，元；

      γ_1，γ_2——分别为第一、第二方案产品的产出率，%；

      k_1——第一方案开采时工业储量回收率，%；

      ρ_1——第一方案开采时矿石贫化率，%。

5.4.1.2 盈利指标

如果参与比较的各类采矿方法所获得的产品质量不同时，则产品的成本和价值不同。这时，利用成本指标来评价不能得出正确的答案，应该用盈利指标来评价。

盈利指标就是指产品的国家规定价格（市场平均价格）和生产成本之差。但这种盈利指标是近似值，因为还有一些杂费未计入成本中。一般常用的盈利指标是：

（1）每吨采出矿石的开采盈利指标：

$$d_{\text{p}}=p-a \tag{5-14}$$

式中 p——每吨矿石国家规定价格（市场价格），元；

      a——每吨矿石开采成本，元；

      d_{p}——每吨矿石开采盈利，元。

（2）每吨矿石工业利用盈利指标：

$$d=V-u \tag{5-15}$$

式中 V——每吨采出矿石的回收（即工业）价值，元；

      u——每吨矿石的开采和加工费用，元；

      d——每吨矿石的工业利用价值，元。

每吨采出矿石的回收价值（V）等于每吨采出矿石中所获得产品数量（r）与单位产品价格（P）的乘积，即

$$V=rP$$

（3）从矿石中提取产品的盈利指标：

$$d_{\text{m}}=P'-C \tag{5-16}$$

式中 P'——每吨产品的价格，元；

      C——每吨产品的成本，元；

      d_{m}——每吨产品的赢利，元。

$$d_{\text{m}}=\frac{1}{r}d$$

除上述盈利指标外，还应考虑在开采和加工过程中矿石和有用成分的回收指

标，因为这些指标与整个矿床的工业利用盈利有关。

1）在个别情况下开采矿床时，只考虑采矿盈利指标：

$$D_p = d_p T = d_p \frac{KQ}{1-\rho} = (P-a)\frac{KQ}{1-\rho} \qquad (5\text{-}17)$$

式中　T——采出矿石总量，t；

　　　Q——矿床工业储量，t；

　　　K——矿石回采率，%；

　　　ρ——矿石贫化率，%。

2）考虑矿床的工业利用盈利时，矿床开采的利用盈利为：

$$D = d_T = d\frac{KQ}{1-\rho} = (V-u)\frac{KQ}{1-\rho} \qquad (5\text{-}18)$$

3）开采矿床时，产品的盈利为：

$$DM = d_m G = (P'-C)G \qquad (5\text{-}19)$$

式中　G——从矿床中回收的金属或其他有用成分的总量，t。

当两方案所得的产品质量不同，而数量相同时，两方案的盈利差为：

$$S_P = d_{m_2} G_2 - d_{m_1} G_1 \qquad (5\text{-}20)$$

当两方案所得的产品质量相同，而数量不同时，两方案的盈利差为：

$$S_P = d_m(G_2 - G_1) \qquad (5\text{-}21)$$

5.4.2　工业储量的开采损失指标

比较采矿方法时，不仅要确定以价值表示的经济效果，也要比较开采中工业储量的损失，因为这种损失不仅关系到国家地下资源的利用程度，而且关系到基建费用的摊销条件和开采这个矿床使国民经济所得到的工业产品总量。

损失指标有下述两种表示方法：

（1）两方案损失的矿石工业储量差额为：

$$\Delta Q = (K_2 - K_1)Q \qquad (5\text{-}22)$$

式中　K_1，K_2——分别为第一、第二方案的工业储量回收率，%；

　　　　Q——矿床工业储量，t。

（2）两方案最终产品的损失差额为：

$$\Delta M = (K_2\gamma_2 - K_1\gamma_1)Q \qquad (5\text{-}23)$$

式中　γ_1，γ_2——分别为第一、第二方案最后产品的产出率，%。

损失指标只有当费用指标相差不大，或者矿石为贵金属、稀有金属以及国防或者国民经济中有特殊意义时才使用。这时，应该采用获得产品数量最多的采矿方法。

5.4.3　劳动生产率指标

选择采矿方法时，除了对比两方案的以价值表示的经济效果和有用成分的损失外，还要确定所比较的采矿方法的劳动生产率的比，即：

$$\Delta P = \frac{P_2 - P_1}{P_1} \times 100\% \qquad (5-24)$$

式中　P_1，P_2——分别为第一、第二方案中工人的劳动生产率，$t/($人·班$)$。

5.4.4　建筑基建费用指标

由于采矿方法方案的不同，从而引起各方案工人数量不同，以致住宅、办公建筑等费用也将发生相应的变化，此项费用也应该进行比较，两方案的差额为：

$$S_\text{生} = q_\text{生}(N_1 - N_2)$$

分摊到每吨矿石的费用为：

$$S = S_\text{生}/KQ = q_\text{生}(N_1 - N_2)/KQ \qquad (5-25)$$

式中　$q_\text{生}$——每名职工所需的住宅、建筑费，元；

　　N_1，N_2——分别为第一、第二方案所需的职工人数，人；

　　$S_\text{生}$——第二方案住宅、公用建设费用差额，元；

　　S——建筑费用摊销额，元。

5.4.5　采矿方法比较实例

某铁矿体根据其地质资料和采矿方法技术条件，经过初步选择，可采用的采矿方法有分段法、留矿法及水平分层充填法。其中，水平分层充填法的优点是可以进行工作面手选，降低矿石的贫化率，并可获得足够的充填材料，减少矿石运输工作量及选矿厂矿石的处理量。其缺点是：采矿成本高，劳动生产率低，采选废石工作量大，井下工人工作条件不好。所以还是不用分层充填采矿法。余下为分段矿房法和留矿法两个方案。为了进一步确定所采用的采矿方法方案，需进行详细的经济计算和比较，以便最后确定技术上可行、经济上合理的采矿方法。

（1）计算用的数据。

矿床工业储量　　　　　　　$Q = 1465500 \text{t}$

矿石地质品位　　　　　　　$\alpha = 42\%$

采出矿石品位　　　　　　　留矿法 $\alpha_1' = 38\%$，分段矿房法 $\alpha_2' = 36\%$

工业矿石回收率　　　　　　留矿法 $K_1 = 92.8\%$，分段矿房法 $K_2 = 86.9\%$

精矿品位　　　　　　　　　$\beta = 65\%$

选矿回收率　　　　　　　　$\varepsilon_\text{K} = 88\%$

每吨精矿价格　　　　　　　$P' = 1000$ 元

矿石贫化率　　　　　　　　留矿法 $\rho_1 = 10\%$，分段法 $\rho_2 = 14\%$

每吨矿石运到选矿厂运输费　$t_\text{p} = 4$ 元

每吨矿石选矿加工费　　　　留矿法 $f_{\text{p}_1} = 40$ 元，分段法 $f_{\text{p}_2} = 45$ 元

（2）采矿方法方案要素（略）。

（3）矿石的开采成本。根据矿床地质条件和采矿技术条件及采矿方法类似的矿山选取每吨矿石开采成本。

留矿法：$\alpha_1 = 62$ 元

分段法：$\alpha_2 = 55$ 元

（4）经济比较计算。

1）每吨矿石开采和加工费 u：

$$u = \alpha + f_p + t_p$$

留矿法：$u_1 = \alpha_1 + f_{P1} + t_{P1} = 62 + 40 + 4 = 106$ 元

分段法：$u_2 = \alpha_2 + f_{P2} + t_{P2} = 55 + 45 + 4 = 104$ 元

因为采出的矿石质量不同，所以 u_1、u_2 不能直接进行比较。

2）每吨矿石的回收价值 V：

$$V = \gamma_P = \frac{\alpha' \varepsilon_K}{100\beta} P$$

留矿法：$V_1 = \dfrac{\alpha' \varepsilon_K}{100\beta} P_1 = \dfrac{0.38 \times 88}{100 \times 0.65} \times 1000 = 514.46$

分段法：$V_2 = \dfrac{\alpha' \varepsilon_K}{100\beta} P_1 = \dfrac{0.36 \times 88}{100 \times 0.65} \times 1000 = 487.38$

3）每吨矿石的工业利用盈利指标 d：

$$d = V - u$$

留矿法：$d_1 = V_1 - u_1 = 514.46 - 106 = 437.28$

分段法：$d_2 = V_2 - u_2 = 487.38 - 104 = 383.38$

从盈利指标看，留矿法比分段法的经济指标要好。

4）矿床的开采利用盈利差：

$$S = d_1 T_1 - d_2 T_2 = d_1 \frac{K_1 Q}{1 - \rho_1} - d_2 \frac{K_2 Q}{1 - \rho_2}$$

$$= 437.28 \times \frac{0.928}{1 - 0.1} \times 1465500 - 383.38 \times \frac{0.869}{1 - 0.14} \times 1465500$$

$$= 93047.526$$

根据以上技术经济比较可以看出，留矿法开采比分段法开采优越，所以最后选择采用留矿法进行开采。

习　题

5-1　影响采矿方法选择的因素有哪些？

5-2　采矿方法选择的步骤有几个，分别说明各步骤选择的特征。

6 矿床开拓方案的选择

6.1 概　　述

矿床开拓方案的选择是矿山企业的重要技术课题，是开拓设计中的基本内容，它不仅与矿山总平面布置、矿石运输、提升、通风、排水等主要工艺系统有密切的关系，而且由于它决定着开拓巷道的位置、形式和数目，因而影响着矿山的基建工程量、基建时间、基建投资和经营费用。此外，矿床开拓方案选择的合理与否，对矿山生产的安全性、可靠性以及组织管理起着决定作用。所以，开拓方案选择是矿山企业设计中事关重要技术的问题。

有关开拓方案中的一些主要内容，如开拓方法、主要和辅助开拓巷道的位置、形式、数目、断面规格等的确定，在《金属矿床地下开采》和《井巷工程》等有关课程中已经讲述过。本章内容着重从经济观点出发，介绍如何合理地选择开拓方案及其评价方法。

6.1.1　开拓方案选择的要求

矿床开拓方案选择的要求如下：

（1）确保工作和生产的安全及提升、运输、通风、排水系统与地面工业场地的合理布置。

（2）满足矿山设计所规定的生产能力，并兼顾矿山发展远景的要求。

（3）满足设计任务书中所规定的投产、达产时间要求。

（4）能取得很好的经济效益，以保证缩短基建时间、节省基建投资、降低生产经营费用。

（5）符合当前矿山建设的技术经济政策，如充分利用地形、不占或者少占农田、不留保安矿柱。

（6）保证井巷工程施工的良好条件和设备及材料的供应方便。

6.1.2　选择开拓方案时应考虑的因素

在选择开拓方案前，设计者应充分占有、研究和核实有关地质资料，进行现场踏勘，了解地形、地质条件，确定水电来源，分析有关因素。在选择开拓方案时着重考虑如下因素：

（1）地质因素。地质因素包括矿区的地表地形、矿床的埋藏条件、地质构造、矿岩的物理力学性质、矿石储量、矿石价值、勘探程度以及水文地质条件等。这主要影响开拓巷道的类型和位置的确定。

1）地表地形。地表地形是决定采用平硐开拓还是井筒开拓的主要因素。如矿床埋藏在丘陵地带，只有一部分矿体埋藏在当地地平面以上，则这部分矿体就可以采用平硐开拓；否则用井筒进行开拓。如矿区地形平坦，矿体埋藏在地面以下，则此矿体一般采用井筒开拓。

地表地形还影响工业场地和运输线路的选择。

2）矿床埋藏条件。倾角大小是考虑采用竖井或斜井的主要依据。一般来讲，在地表以下并且倾角为 15°～45° 的缓倾斜矿体，或埋藏深度不大的中、小型矿体，可采用斜井开拓。倾角在 15° 以下的缓倾斜矿体或者大于 60° 以上的急倾斜矿体，可采用竖井开拓。倾角在 45°～60° 之间的矿体，采用竖井还是斜井开拓合适，需要进行技术经济比较才能最后确定。

3）地质构造和矿岩物理力学性质，主要影响井筒位置。井筒位置应尽可能避免开凿在岩层质量不好、不稳固或者破碎地带以及岩溶发育的含水地层。

4）矿床储量和价值，主要考虑保安矿柱的储量损失问题。矿床储量大而价值不高的矿床，可以考虑采用穿过矿床的井筒，可以允许留保护井筒的保安矿柱。

（2）技术经济因素，如矿山年生产能力、服务年限、投产与达产的时间、开采的深度、建设资金的来源、内外部运输条件和水电供应等。这些因素会影响开拓工程是否需要分期建设以及基建工程量。

（3）组织技术因素，如基建和生产的安全性、原有勘探巷道的可利用程度、少占或者不占农田以及环境保护等能否满足国家有关矿山建设的方针、政策。

（4）其他因素，如气象资料、国家对矿产品的需要程度等。

在详细了解上级领导部门和业主对该矿床开采有关指示和要求的基础上，进行现场调查研究，收集和分析基础资料，综合考虑上述因素，即可着手拟订开拓方案。

6.1.3　开拓方案选择的步骤

开拓方案选择的步骤大致分为方案初选、对初选方案进行技术经济分析及详细的技术经济比较。

（1）开拓方案初步选择。根据开拓方案选择原则，结合矿床具体条件和国家对该矿床开采的要求，拟订几个可能采用的开拓方案，并确定各方案的主要、辅助开拓工程的类型、数目、位置及断面尺寸。确定阶段水平和主要运输巷道及硐室工程的布置，从而规定了矿石运输、提升、排水、通风系统以及与此有关的工业场地的布置和地面矿石储存运输系统。

初选的各方案应是详尽、全面、多方案的，以便从中产生最优方案。

（2）对初选方案进行技术经济分析。经初选出的方案一般存在着多个方案（3~5个方案），此时没有必要做详细的技术经济计算，只需要在技术上对各方案优缺点进行比较，在经济上对开拓工程量进行概略估算，按扩大指标对各个方案进行经济分析。通过技术经济的初步分析，删去一些存在明显缺点以及技术不合理的方案。

（3）详细的技术经济比较。对经过技术分析后余下不多的几个方案（一般2~3个）作出开拓系统方案图，选择开拓工程的各项技术经济指标，计算工程量，概略计算各个开拓方案的基建投资和年经营费用，确定施工期限、投产与达产时间、资源利用程度、占地面积等，然后进行详细的技术经济比较和各个方案的综合评价。根据比较的结果从中选择出技术上可靠、经济上合理的最优方案。

应当指出的是，在选用概算指标时，应具有可比性并注意指标的来源、时间应一致，否则应予以修正。

6.2　开拓方案的经济比较

选择开拓方案时，除了进行技术合理性分析比较外，对于难以确定优劣的少数剩余方案则需进行详细的经济比较。经济比较的目的是选择经济上最优的开拓方案。经济比较的费用一般为各方案的基建投资和经营费用。

6.2.1　基建投资

基建投资一般包括井巷工程费、地面构筑物费、建筑物的建筑费、机械设备购置和安装费、工业场地平整费以及其他费用如土地征购费、房屋拆迁、青苗赔偿费等。如果留有保安矿柱的方案还应计算其经济损失。

（1）井巷工程费，主要包括井筒（竖井、斜井、通风井、主溜井、主充填井等）、平巷（平硐、石门、脉内外干线的运输平巷）、井底车场及其附近硐室的工程费用。这些井巷首先应该根据矿山或者阶段的生产能力、采用的设备、规格、服务年限和生产工艺的要求确定其断面尺寸；然后，按照系统图和巷道布置的阶段平面图，计算其工程量；最后，根据单位工程费用，计算基建井巷工程费。

对主、副井来讲，还应分别计算井筒掘进费和井筒安装费。

1）井筒掘进费：

$$S_{\text{井}} = S_i \frac{H}{\sin \alpha} \tag{6-1}$$

或 $$S_{井} = S_i FL = S_i V \qquad (6\text{-}2)$$

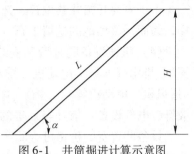

图 6-1 井筒掘进计算示意图

式中　$S_{井}$——井筒掘进费（包括直接定额费、工程辅助费、间接费），元；

　　　S_i——单位井筒掘进费，元/m（元/m^3）；

　　　H——井筒垂直深度（图 6-1），m；

　　　α——井筒倾角，竖井 $\alpha = 90°$；

　　　F——井筒掘进断面，m^2；

　　　L——井筒掘进长度（图 6-1），m；

　　　V——井筒掘进体积，m^3。

在选取井筒掘进费用指标时，应注意井筒断面的规格、通过岩层性质和支护形式。如选用单位井筒掘进直接费用，则还需要计入井筒装备费。

2）平硐、平巷掘进费：

$$S_{平} = \sum S_n L \qquad (6\text{-}3)$$

或 $$S_{平} = \sum S'_n V \qquad (6\text{-}4)$$

式中　$S_{平}$——平硐或者平巷掘进费用，元；

　S_n，S'_n——分别为单位巷道掘进费用，元/m（元/m^3）；

　　　L——平硐或平巷掘进长度，m；

　　　V——平硐或平巷掘进体积，m^3。

同样，在选取单位掘进费用时，应注意巷道断面规格，通过岩层的性质，单、双轨，巷道支护的形式等；如不同，则其掘进费用有很大区别。方案不同时，其费用指标应分别选取。

（2）地面构筑物、建筑物的建筑费用。地面构筑物、建筑物包括井架、矿仓、栈桥、内部运输道路、轨道铺设、桥涵、工业用房等。根据矿山工业场地的组成、生产流程、矿石储存系统、厂房的配置，大致计算出构筑物、建筑物的建筑面积和工程量，乘以单位造价。费用指标可取自类似矿山的设计概算书或实际资料，也可查阅有关的手册或技术经济设计参考资料。

$$S_{建} = C_a A \qquad (6\text{-}5)$$

式中　$S_{建}$——地面构筑物、建筑物建筑费，元；

　　　C_a——地面构筑物、建筑物单位造价，元/m^2（元/m^3）；

　　　A——地面构筑物、建筑物的建筑总面积（或工程量），m^2（m^3）。

（3）地面工业场地平整费：

$$S_{地} = C_b V_b \qquad (6\text{-}6)$$

式中　$S_{地}$——场地平整费，元；

　　　C_b——单位土石方平整费，元/m^3；

　　　V_b——平整场地的挖填方量，m^3。

由于主要开拓井巷位置、选矿厂位置的不同，工业场地的组成与位置也不一样，因而平整场地的挖填土石方工程是不同的。

（4）机械设备购置费和安装费，主要指提升（提升机、箕斗、罐笼、天轮等）、排水（水泵、电动机、排水管）、压气（空压机、储气罐、管道等）、通风（通风机、电动机等）、运输（电机车、机车、轨道、架线）及辅助设备（机修、锻钎、电气设备、信号等）等的购置费和安装费。

设备购置费的价格可查阅产品目录及有关手册。标准设备可按国家统一规定的现行出厂价格计算，非标准设备按各主管部门批准的制造厂的报价计算。

设备安装费可按设备重量的百分比计算，一般为设备费的4%～4.5%，如竖井、斜井提升设备安装费可取为竖井、斜井提升设备的4%，通风设备安装费可取通风设备费的4.5%。

（5）矿山运输道路（铁路、公路、架空索道）的建筑费，根据运输方式、道路类别，按每公里的造价乘以道路的长度计算；有时还可按道路的上部建筑（包括路面材料、道渣、枕木、道岔、垫板、轨道铺设等）和路基分别计算。由于山区和平原道路等级的差别，造价指标相差悬殊，选取指标时需要注意分析。

（6）辅助专业工程费如供水工程，可按类似企业的资料计算求得。

（7）其他费用如土地征用、居民迁移、建筑物拆迁、青苗赔偿费，可按实际情况，取当地指标或者按照国家规定计算。

在方案比较时，为简化计算，各方案中费用相同或差别不大的投资项目可以不参与比较。

6.2.2　年经营费用

年经营费用为每年在生产中所支付的辅助材料费、动力费、生产工人工资及工资附加费、车间经费、企业管理费等项目。其计算方法有两种：一是按提升、排水、通风、巷道维护等不同的项目计算成本；另一种是按照不同的扩大指标进行估算。前者计算繁琐、复杂，后者计算简便易行。

下面介绍利用扩大指标进行年经营费用的计算方法。

（1）运输费。

1）运输距离不变的运输费，如石门运输费、矿石自井口直接运到冶炼厂的运费等，均为不变的运输费用。

$$C_{运} = K_{运} L T_{运} \qquad (6-7)$$

式中　$C_{运}$——运距不变的年运输费，元/年；

$\quad\quad K_{运}$——单位运价，元/t(元/km)；

$\quad\quad L$——运距不变的运输线路距离，km；

$\quad\quad T_{运}$——年运量，t。

2）运距变化的运输费，如从各采场的装矿点（放矿闸门处）到井底车场的沿运输平巷的运输距离是随采场位置不同而变化。

$$C'_{运} = 1/2 K'_{运} L' T_{运} \qquad (6\text{-}8)$$

式中　$C'_{运}$——运距变化的年运输费，元/年；

　　　L'——运距变化的运输线路距离，km；

（2）提升费。提升费随提升高度不同而变化。当年提升量 A 相同时，后期开采年提升费大于前期开采的年提升费。

$$C_{提} = K_{提} \sum_{i=1}^{n} A_i H_i \qquad (6\text{-}9)$$

式中　$C_{提}$——年提升费，元/年；

　　　$K_{提}$——提升单价，元/t(元/km)；

　　　A_i——第 i 水平提升量，t；

　　　H_i——第 i 水平的提升高度，km；

　　　n——阶段数，个。

（3）排水费。排水费有两种计算方法：

1）当已知含水系数时，用式（6-10）计算：

$$C_{排} = MAP \qquad (6\text{-}10)$$

式中　$C_{排}$——矿山排水费用，元/年；

　　　M——含水系数，$t_{水}/t_{矿石}$；

　　　A——矿山年产量，t；

　　　P——不同排水高度的单位排水费用，元/t。

2）当已知涌水量时，可按式（6-11）计算：

$$C_{排} = 365 \times 24 P' \sum_{i=1}^{n} Q_f H_f \qquad (6\text{-}11)$$

式中　P'——矿山排水单价，元/($\mathrm{m^3 \cdot km}$)；

　　　Q_f——第 f 水平的排水量，$\mathrm{m^3/h}$；

　　　n——同时生产的阶段数，个。

（4）通风费。通风费有两种计算方法：

1）
$$C_{通} = b_{通} A \qquad (6\text{-}12)$$

式中　$C_{通}$——年通风费用，元；

　　　$b_{通}$——开采每吨矿石所需要的通风费用，元；

　　　A——年产量，t。

2）
$$C_{通} = \frac{Qh}{102\eta} f_1 f_2 e \qquad (6\text{-}13)$$

式中　f_1——年工作日，天；

　　　f_2——通风机昼夜工作小时数，h；

e——电的单价，元/(kW·h)；

$Qh/102\eta$——通风机理论功率；

h——矿井负压；

Q——矿井风量；

η——通风机效率。

(5) 维修费。

1) 井巷维修费。井下巷道的维修费根据巷道所通过的矿（岩）石的稳固性的差别程度，其维修费用是不同的。

①当单位井巷维修费 B 已知时，可用下面的计算。

每年需要维护而长度不变的井巷（如石门、井筒）维修费：

$$C_{维} = LB \qquad (6-14)$$

式中　$C_{维}$——每年需维护而长度不变的单位井巷维护费，元/m；

　　　L——每年需要维护的井巷长度，m；

　　　B——单位井巷每年维护费，元。

每年需维护而长度变化的巷道（如前进式开采的阶段运输平巷、边报废的回风巷道）维护费：

$$C'_{维} = 1/2L'B \qquad (6-15)$$

式中　$C'_{维}$——每年需维护而长度变化的巷道维护费，元/m；

　　　L'——每年需维护而长度变化的巷道长度，m。

②当单位井巷维护费用 B 未知时，巷道年维修费用可取巷道基建投资的百分数；混凝土支架航道年维护费为巷道基建投资的 1.5%~2.5%；木支架巷道年维护费 3%~4.5%。

2) 矿山地面构筑物、建筑物的年维修费。矿山地面构筑物、建筑物的年维修费为基建投资的 3%~4%。

3) 设备的维修费。设备的维修费约为设备投资的 7%~10%，也可查阅有关手册确定。

6.2.3　留保安矿柱的经济损失和副产矿石的回收

6.2.3.1　保安矿柱

主要开拓巷道和重要构筑物、建筑物应布置在岩层的移动带之外，但由于下列原因构筑物等一些重要设施会处于岩层的移动带之内：

(1) 老矿山的后期生产勘探期间，发现新矿体处在已有构筑物和建筑物的下面，特别在边勘探、边生产时，这种情况经常发生。

(2) 由于技术进步，选矿和化验技术的突破，原来处于某些地点的岩石成为重要的有用矿物，有开采利用的价值。

（3）矿体处于某个风景区、重点文物保护、主要交通干线、河流、湖泊下面，除采用充填法开采外，在某些地段还需留保安矿柱，作为永久矿柱损失。

（4）井田范围很大，由于地形、地质、运输条件的限制或其他原因，井筒不得不穿过矿体，所有处在岩层移动带内的地表建筑物和重要设施，为了避免受到破坏，采用充填或者留保安矿柱进行保护。

6.2.3.2 留保安矿柱造成的经济损失

留保安矿柱造成的经济损失原因有以下几方面：

（1）所留保安矿柱长期受次生应力的作用，破碎程度增加，稳固条件不如原矿体，不能全部被采出，回采时，一般要损失30%～50%以上的矿量。

（2）回采保安矿柱一般采用效率低、成本高的采矿方法，作业安全性差，因而增加了矿石回采费用。

（3）由于留保安矿柱损失了一部分矿石，使储量减少，因而使每吨矿石的基建投资和折旧费的摊销额增加。通常情况下，如果某开拓方案所留保安矿柱的矿量占矿山可采储量的20%～30%以上时，则认为该开拓方案在技术上是不合理的。

留保安矿柱所造成的经济损失计算方法：

（1）不回采保安矿柱的经济损失（元）：

$$S = Q_P \left(\frac{q\eta}{1-\rho} + \frac{K}{Q_i} \right) \tag{6-16}$$

式中　q——每吨矿石工业价值，元；

　　η——正常回采的回采率，%；

　　ρ——正常回采的贫化率，%；

　　Q_P——保安矿柱矿量，t；

　　Q_i——可采的全部工业储量，t；

　　K——基建投资额，元。

（2）最终回采保安矿柱，采出的经济损失数值 S_P 用盈利差别表示：

$$S_P = Q_P \left(\frac{\eta}{1-\rho} d_1 - \frac{\eta'}{1-\rho'} d_2 \right) \tag{6-17}$$

式中　d_1，d_2——分别为正常回采采出的矿石与回采保安矿柱采出矿石的盈利，元/t；

　　η，η'——分别为正常回采与回采保安矿柱的矿石回收率，%。

每吨采出矿石的开采盈利为：

$$d = p - a \tag{6-18}$$

式中　p——每吨矿石的价格，元；

　　a——每吨矿石开采成本，元。

6.2.3.3 附产矿石的回收

当开拓巷道掘进在矿石内时，可以顺便采出一部分矿石，采出矿石的收入可以抵偿一部分基建投资，附产矿石可按照矿石成本或按照售价作价。

$$S_附 = PQ_附 \qquad\qquad (6\text{-}19)$$

式中　$S_附$——附产矿石的回收额，元；

　　　P——每吨矿石的价格，元；

　　　$Q_附$——附产矿石量，t。

6.3　开拓方案技术经济比较的综合评价方法

在进行开拓方案详细经济比较时，首先要比较各方案的基建投资和年经营费用。在实际比较中，往往出现以下情况：

（1）某方案的基建投资与年经营费用均小于其他方案，即该方案的基建投资和经营费用均最小。在生产规模相同的情况下，该方案在经济上最优。如果技术上可行，则该方案就是最佳方案，应选择此方案。

（2）某方案的基建投资大，而年经营费用小，此时很难确定哪个方案为最优，应用投资差额返本年限或投资差额效果系数（或时间效益方法）来选择经济上最优方案。

例6-1　某矿山设计年产能力为10万吨原矿，有3个不同的开拓方案：Ⅰ方案基建投资1420万元，年经营费120万元；Ⅱ方案基建投资1200万元，年经营费340万元；Ⅲ方案基建投资仅980万元，而年经营费400万元。此时，不能直接确定哪个方案为最优。用投资差额返本年限来选择最优方案，见表6-1。

表6-1　用投资差额返本年限来选择最优方案

方　案	基建投资/万元	经营年费/万元	投资差额返本年限/年
Ⅰ	1420	120	$T_1 = \dfrac{K_1 - K_2}{C_2 - C_1} = \dfrac{1420 - 1200}{340 - 120} = \dfrac{220}{220} = 1$
Ⅱ	1200	340	$T_2 = \dfrac{K_2 - K_3}{C_3 - C_2} = \dfrac{1200 - 980}{400 - 340} = \dfrac{220}{60} = 3.7$
Ⅲ	980	400	$T_3 = \dfrac{K_3 - K_1}{C_1 - C_3} = \dfrac{980 - 1420}{120 - 400} = \dfrac{-440}{-280} = 1.57$

由上述计算可知，Ⅰ方案虽基建投资最大，为1420万元，但年经营费最小，仅为120万元。Ⅰ方案的投资差额返本期限只需1年，比其他方案的返本年限均

短，故 I 方案在经济上为最优方案。

此外，比较这 3 个方案的最优方案也可以采用之前介绍的净现值法进行比较确定。

（3）如果各方案基建投资年经营费相差在 10% 以内，则可视为两方案在经济上是等值的，在此情况下，应进一步考虑与分析对开拓方案选择有较大影响的因素进行决策，如基建时间、施工难度、资源利用程度、占用农田面积、安全环保条件等。

6.4 开拓方案比较实例

例 6-2 某矿区矿体走向东南 60°，沿走向长 700m，倾角 10°～70°属于缓倾斜到急倾斜矿床。矿体赋存最高标高 340m，最低标高 150m。矿体附近侵蚀基准面最低标高 390m。矿体用坑内开采。矿床开拓方法考虑了斜井和竖井两个方案。两方案主井位置在矿体下盘，如图 6-2 所示。竖井开拓方案和斜井开拓方案纵剖面示意图分别如图 6-3 和图 6-4 所示。

两开拓方案是按可比项目比较的，两方案的通风井均采用倾角 30°斜井，故未参与比较，比较结果见表 6-2。

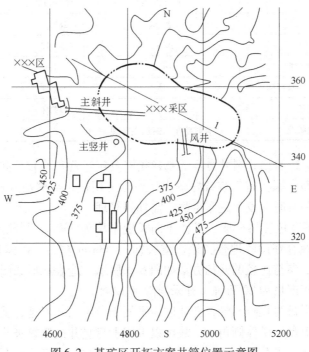

图 6-2　某矿区开拓方案井筒位置示意图

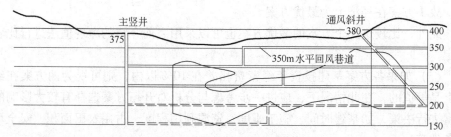

图 6-3　竖井开拓方案纵剖面示意图

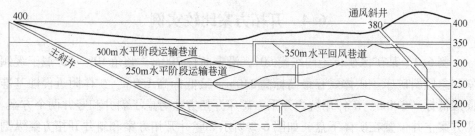

图 6-4　斜井开拓方案纵剖面示意图

表 6-2　开拓方案比较结果

项　目	第 I 方案 （斜井方案）	第 II 方案 （竖井方案）	备　注
基建投资/万元	229.96	283.34	
年经营费/万元	29.19	30.12	
施工工期/月	14.3	19	
掌握施工技术难易程度	易	较难	
施工装备	易解决	较难	250m 水平以上
生产管理状况	有时跑车，需加强管理		

由表 6-2 可以看出，斜井方案的基建投资及年经营费均较竖井方案小，且斜井施工技术容易掌握，施工装备好解决，施工工期短，显然斜井比竖井要优越。存在问题是斜井有时会发生跑车事故，需加强管理。

例 6-3　某有色金属矿床，矿体走向长度平均为 430m，平均厚度 5m，矿体倾角 70°～90°赋存在山岭地带，地表露头标高+600m 左右。矿体延深至+200m。矿体向北倾斜。参与比较的开拓方案如图 6-5 所示。地表地形如图 6-6 所示。

矿山设计年产量为 20 万吨。开采年限为 12 年。

由于矿床下盘为丘陵地带，有陡坡，不便于布置工业场地，受地形限制，选矿厂位于矿体上盘。矿体倾角大，故可以采用上盘竖井或侧翼竖井进行开拓。

经过初选及技术分析后，认为下列两方案可参与技术经济综合比较：

I方案：中央平硐明竖井方案（见图6-5中I方案）；

II方案：西翼平硐竖井方案（见图6-5中II方案）。

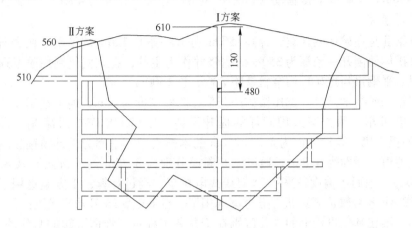

图6-5　参与比较的开拓方案示意图

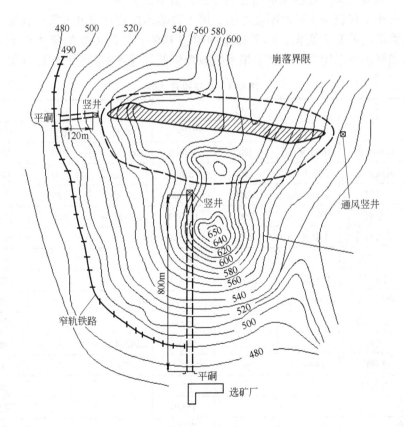

图6-6　地表地形图

　　方案 I 是在选矿厂的上部开采一条长 800m 的平硐通达矿体中央。平硐口标高为+490m。在矿体上盘移动带以外开一条明竖井，井深为 400m。两翼开通风天井进行通风。

　　方案 II 是在矿体的西翼，标高+500m 处开一条长 120m 的平硐。在岩石移动带以外矿体西侧开一条深为 350m 的明竖井作为主井，在东侧仍利用阶段通风天井通风。平硐口与选矿厂用窄轨铁路运输，长 1500m。

　　根据采矿技术条件，选用留矿法开采，阶段高度为 60m。地下选用 0.7m³ 矿车、3t 电机车。两方案采用同样的提升设备。选用了单车单层罐笼，直径为 2.5m 的提升机，井筒断面为 5.38×2.0m 的木框支架。平硐为局部喷锚技术支护的单轨巷道，断面为 4.8m²，通风天井断面分别为 8.75m²（II 方案）及 4.64m²（I 方案）。地面运输设备采用 7t 架线式电机车。经过计算，I 方案选用了两台 CTA57B 型 18 号轴流式风机，II 方案选用了一台 BY 型 18 号轴流式风机。

　　两方案在基建投资上的主要区别在于井巷工程量、地面运输的基建的投资、地表土石方量及通风机的购置及安装费用。经营费的主要差别在地面、地下的运输费和通风费。将上述各项费用分别计算，结果见表 6-3 和表 6-4。

　　从表 6-3 和表 6-4 可以明显看出，第 I 方案的投资比第 II 方案的投资高，但年经营费却比第 II 方案低，两者相差均超过 10%，且两方案的年生产能力和开采年限相同，可以用投资差额效果系数或投资差额返本年限进行比较评价。

表 6-3　基建投资比较

项　目		I 方案			II 方案		
		单价	数量	费用/元	单价	数量	费用/元
井巷工程	竖井井筒	1060 元/m	400	424000	1060 元/m	350	371000
	通风天井	220 元/m	580	127600	380 元/m	300	114000
	石门	120 元/m	1200	144000	120 元/m	485	58200
	平硐	210 元/m	800	168000	210 元/m	120	25200
	通风石门	120 元/m	225	27000			
	小计			890600			568400
地面工程	土石方	1.5 元/m³	12000	18000	1.5 元/m³	25000	37500
	窄轨线路	40000 元/km	0.2	8000	40000 元/km	1.5	60000
	小计			26000			97500
机电设备	主扇	4700 元	2	9400	26200 元	1	26200
	电动机	1440 元	4	5760	2270 元	2	4540
	安装费			460			900
	小计			15620			31640
合　计				932220			697540

表 6-4　年经营费比较

项　目	I 方案			II 方案		
	单价/元	数量	费用/元	单价/元	数量	费用/元
通风费	0.07	16800	11760	0.07	270000	18900
地下平巷运输	0.34	25000	8500	0.34	47000	15980
地下石门运输	0.34	40000	13600	0.34	16200	5508
平硐内运输	0.15	16000	24000	0.15	24000	3600
地面运输	0.15	40000	6000	0.15	300000	45000
合　计			63860			88988

由公式：

$$E_1 = \frac{C_2 - C_1}{K_1 - K_2} = \frac{88988 - 63860}{932220 - 697540} = \frac{25128}{234680} = 0.107$$

$$T_1 = \frac{1}{E_1} = \frac{K_1 - K_2}{C_2 - C_1} = \frac{932220 - 697540}{88988 - 63860} = \frac{234680}{25128} = 9.3 \ 年$$

目前，冶金矿山额定的投资效果系数 E_0 为 0.167~0.2，返本年限 T_0 为 5~6 年。因为 $E_1 < E_0$。$T_1 > T_0$，这说明基建投资大的 I 方案在国家规定的返本年限内不能及时回收投资，故 I 方案经济上不合理。而 II 方案基建投资小，同时石门、平硐也短，基建时间短，故采用 II 方案。

习　题

6-1　影响开拓方法选择的因素有哪些？

6-2　开拓方法选择的步骤有几个，分别说明各步骤的特点。

7 矿床开采进度计划

7.1 概 述

矿山建设是有计划地使用资金、设备、人员，有计划地、按比例地投入生产。由于矿山企业基建、生产的采掘工程量大、基建时间长、占用大量的人力和物力，更需要矿山建设工作有计划进行。因此，矿山企业在基建时期和生产阶段都要编制矿床开采进度计划。

矿山从开始基本建设起，到生产结束为止，一般可概括为以下四个阶段：

（1）基建阶段，是指从矿山破土动工到投入生产这一段时间。所谓投产，是指完成了一定数量的基本建设工程，形成一定数量的生产能力，保有一定数量的三级矿量，由基建单位移交给生产管理单位。

（2）发展阶段，是指从投入生产起，到生产能力达到设计规模的这一段时间。

（3）正常生产阶段，是指以设计生产能力进行生产的这一段时间。在设计中应将正常生产时期所占的比重尽量加大，以达到高速发展矿业的要求。这一段时期不应小于矿山整个存在时期的三分之二。

（4）结束阶段，是指从生产能力递减起，到矿井闭坑为止这一段时期。

矿床开采进度计划包括基建进度计划和采掘进度计划：

（1）基建进度计划，是指基建时期矿床的开拓工程进度计划。它包括投产前应做的采准、切割工程在内的进度计划，一般从矿山破土掘进开始，一直编到矿山达到设计产量为止。

（2）采掘进度计划，是指矿山正常生产时期所编制的年度、季度和月计划。它是依据矿床的开采顺序、采准对回采的超前关系、矿块的生产能力和新水平的准备时间等条件编制的生产勘探、基建开拓、采矿准备和回采工作进度计划。

总之，开采进度计划结合矿山地质条件的变化，把采掘工作具体安排并纳入到日常工作中去，以保证优质、高产、安全、合理地利用地下资源。

7.2 基建进度计划的编制

7.2.1 编制基建进度计划的目的

编制基建进度计划的目的如下：

（1）确定矿山基建时期的全部工程量，作为国家或者企业投资拨（贷）款的依据。

（2）确定各项基建井巷工程的开始和结束时间与日期、各项工程的施工顺序和矿山基建时间。

（3）确定基建时期内各个时期所需的人员、机械设备和各种材料的数量，以便矿山有关部门编制人员培训和设备材料的供应计划。

（4）确定各个时期采出的矿石量和采准、切割及回采工作面数目。

正确确定工程项目的开始与结束时间，对矿山基建工作具有重要的指导意义，并可以决定施工进度、企业拨（贷）款、设备加工订货等问题；同时，可以确定各个时期同时工作的工作面数和工作地点，可以统计出同时需要的人员和设备数量。

7.2.2 编制基建进度计划所需的基础资料

编制基建进度计划所需的基础资料如下：
（1）企业要求矿山投入生产的期限；
（2）开拓系统、回采顺序和通风系统；
（3）主要开拓井筒地质剖面图；
（4）阶段巷道平面布置图；
（5）基建井巷断面图；
（6）根据设计所确定的开拓、采准、切割等井巷工程量；
（7）基建时期所采取的工作制度；
（8）基建时期设计所采取的井巷成井（巷）技术生产等；
（9）各采区的矿石工业储量；
（10）矿山生产能力；
（11）涌水量大的矿山疏干方案等。

7.2.3 三级矿量、基建工程量和投产标准

7.2.3.1 三级矿量

A 三级矿量的划分及其与地质储量的对应关系

在矿床开采过程中，为保证矿山采掘的正常比例关系，实现有计划地持续、平衡生产，除按地质勘探程度进行储量分级外，还须在开采储量中，按巷道掘进程度和矿床开采的准备程度，分别在已圈定的矿床范围内进行储量的划分。

按矿床开采的准备程度，矿床储量可划分为开拓矿量、采准矿量和备采矿量。

（1）开拓矿量。开拓矿量是设计可开采工业储量的一部分。在划定的井田范围内，按所设计规定的开拓系统巷道，均已开凿完毕，并形成完整的通风、排

水、干线运输系统，据此可以开掘采准巷道，在此开拓巷道水平以上的工业储量，称开拓矿量。

开拓系统巷道一般包括：竖井、斜井、平硐、石门、脉外的阶段运输平巷、专用通风、排水、充填井巷、井底车场及其附近硐室、主溜井等。

为了保护地表、河流、建筑物、运输线路以及地下工程（竖井、溜井等），所圈定的保安矿柱矿量不能算作开拓矿量，只有在废除上述保护物允许进行回采矿柱时，方可列入开拓矿量。

当遇有多矿体（或多层矿）的矿床，其矿体虽位于开拓巷道水平之上，但未为开拓巷道所能开拓的矿体的矿量，也不能算作开拓矿量。

开拓系统巷道一般是根据333级储量的边界设计的。多数情况下，开拓巷道掘进后还不能储量升级，所以与开拓矿量相对应的矿量多为333级储量（即过去的 C_1 级储量）

（2）采准矿量。采准矿量是开拓矿量的一部分。在开拓矿量的基础上，按设计拟定的采矿方法所规定的矿块内的采准巷道已开掘完毕，矿块的轮廓也已形成，则此矿块内所获得的矿量称为采准矿量。

采准巷道包括：脉内运输平巷，穿脉运输巷道，矿块人行通风、充填、设备天井，凿岩天井及开采缓倾斜矿体的底盘天井，电耙巷道、格筛巷道、矿石溜井、人行联络道、放矿小井、通风小井，分段或分层平巷等。

采准矿量的边界应以矿块划分的形式和回采顺序而定。同一矿块内设计规定的顶柱、底柱和间柱能和矿房同时回采时，采准矿量的边界为矿块边界。不能同时回采时，采准矿量的边界为矿房边界。

顶柱、底柱和间柱只有完成了按矿柱回采设计所规定的全部采准工程量，才能算为采准工程量。

一般采准巷道是根据勘探期间的高级（B级以上）储量或经过基建探矿把原有勘探的C级储量升级后进行设计的，采准矿量相当于B级以上储量。

（3）备采矿量。备采矿量是采准矿量的一部分。在采准矿量的基础上，按采矿方法所规定的切割工程已全部完毕，矿块内各种管线和放矿设施（格筛、漏斗闸门、电耙绞车）均已安装完毕，能达到立即进行回采的矿块内的矿量称为备采矿量。

切割工程包括：切割上山、切割天井、切割巷道、边界巷道、拉底巷道、拉底层和堑沟巷道；放矿漏斗的漏斗颈和扩漏工程等。

顶柱、底柱、间柱只有在按矿柱回采所规定的全部切割工程和各种管线以及放矿设施安装完毕，在回采顺序上已能立即进行回采时，才能列为备采矿量。

备采矿量的边界即为矿房的边界或已做好切割工程的矿柱边界。

备采矿量是开采储量，一般属于A级，即相当于过去的 A_2 或 A_1 级储量。

B 三级矿量的保有期限和计算方法

在设计和生产中，三级矿量保有期限是根据矿山地质条件、开拓方式、采矿方法、矿山技术准备水平和年生产能力等具体情况来灵活确定。保有的三级矿量过多或过少，均会产生不良后果；过多，则不仅积压资金，而且会引起某些生产费用如通风、照明、排水、巷道维护费以及生产管理费的增加，从而提高矿石的成本；过少，会影响矿山正常生产，使矿山不易达到设计规模。因此，在确定三级矿量时，一定要根据矿山具体条件确定。

冶金系统金属矿山的三级矿量保有期限见表7-1。

表7-1　冶金系统金属矿山的三级矿量保有期限　　　　　（年）

矿量等级	保有期限	
	黑色金属矿山	有色金属矿山
开拓矿量	3 ~ 5	>3
采准矿量	0.5 ~ 1	1
备采矿量	0.25 ~ 0.5	0.5

在特殊情况下，如矿石和围岩比较松软、巷道维护困难、矿体产状复杂，则可根据矿山具体条件，将采准和备采矿量保有期限适当缩短，这样有利于巷道维护和采矿工作的正常进行，但必须经过一定的论证及审批手续。

小型矿山三级矿量保有期限，按上列标准适当降低，以利于生产资金的周转为依据。

三级矿量保有期限按下式计算：

$$开拓矿量保有年限 = \frac{计算期末开拓矿量 \times (1-总损失率)}{矿山年生产能力 \times (1-总贫化率)}$$

$$采准矿量保有年限 = \frac{计算期末采准矿量 \times (1-总损失率)}{矿山年生产能力 \times (1-总贫化率)}$$

$$备采矿量保有月数 = \frac{计算期末备采矿量 \times (1-总损失率)}{矿山年生产能力 \times (1-总贫化率)} \times 12$$

根据上列各式计算矿山三级矿量的保有期限，其总损失率和总贫化率应采用矿山实际的总损失率和总贫化率指标。至于矿山年生产能力，可按采矿的实际生产能力计算。

新建矿山移交生产时，三级矿量的标准为投产标准所规定的矿量，其总损失率和总贫化率应采用设计所选定的指标。

7.2.3.2　基建工程量

矿山基建工程量是指矿山企业在投产前，使能形成完整的生产系统，达到一定数量的产量和三级矿量，应完成的一定数量的基建工程，以保证投产后按计划的逐渐增加产量，达到设计生产能力的工程量。基建工程量是矿山企业编制基建投资概算的依据，并由基本建设费用开支。

矿山基建工程量由下面两部分组成：

（1）地面的土建工程与线路工程。这部分工程量单独编制。

（2）井巷工程量。它决定着基建时期井巷工程费用的大小，而基建井巷工程的费用在矿山建设的投资中占40%～70%，甚至更大。因此，基建工程量的决定对于矿山企业基建投资的影响具有很重要的意义。

坑内矿的基建工程量的确定方法：

（1）按设计产量规模应保有的三级矿量所需工程量来确定，即将设计生产能力保有的三级矿量应掘进的井巷工程量列为矿山基建工程量。

如设计生产能力为40万吨，按规定应有开拓矿量3×40＝120万吨；采准矿量1×40＝40万吨；备采矿量0.5×40＝20万吨。为准备以上矿量而掘进的井巷工程量，均为基建工程量，并据此进行概算的编制。

（2）按投产标准来确定。以投产时的矿量为准，计算应保有三级矿量所掘进的井巷工程量，定位基建工程量。

如矿山设计生产能力为40万吨，按投产标准，生产能力应达到20万吨才能列为正式投产。该矿的基建井巷工程量是按投产时的产量20万吨应保有的三级矿量来计算，并据此编制概算。至于从投产到达产设计产量所需掘进的井巷工程量，则在生产过程中完成，由生产费用开支。

在冶金矿山设计中，有色金属矿山一般采用第一种方法。而黑色金属矿山多用第二种方法。这是因为有色矿山规模一般要小一些，其矿山地质条件要复杂些，采准工程量大一些，而且还有探矿工程（3～5m/kt）。因此，有色金属矿山基建采掘比黑色金属矿山要大。表7-2所示为我国部分金属矿山基建工程量和基建采掘比的实际资料。

表7-2 我国部分金属矿山基建工程量和基建采掘比的实际资料

矿 山 名 称	年生产规模 /万吨	基建工程量 /标准米	单位基建采掘比 /标准米·万吨$^{-1}$	备 注
落雪铜矿	132	73600	554	实 际
因民铜矿	125	67300	537	实 际
铜山铜矿	66	22560	435	实 际
狮子山铜矿	66	42250	622	实 际
黄沙坪铜矿	33	24903	755	实 际
凡口铅锌矿	99	61385	622	实 际
程潮铁矿	150	40524	270	实 际
大庙铁矿	60	19484	325	实 际

矿 山 名 称		年生产规模 /万吨	基建工程量 /标准米	单位基建采掘比 /标准米·万吨⁻¹	备 注
綦江 铁矿	白石潭区	15	6087	406	实 际
	大罗坝区	30	9787	340	实 际
	眉山铁矿	250	33867	371	实 际

应当说明的是，在基建井巷工程中，其中主井的开凿深度要满足 10～15 年的开拓储量，其超过规定矿量（3 年）而多掘的井筒部分，也应列入基建工程量。此外，为加快矿山建设而掘进的大型临时井巷工程（如措施井），也应列为基建工程量。

7.2.3.3　投产标准

矿山企业的地下基建井巷工程并不是要求一次全部建成才投资，而是随着生产的发展而逐步掘进。例如，井筒的延深、新水平的开拓（包括石门、井底车场、硐室等）施工，一般是在投产以后若干年才进行施工。若矿山的全部基建井巷工程都在投产前施工，必将增长投产时间、积压建设资金，也是不必要的。但是必要的关键性工程不完成而投产，则将造成基建与生产相互影响，使矿山长期达不到设计生产能力，同样也是不利的。

例如，某铁矿是一个大型地下矿山，曾经采取"简易投产"的方法，用来全部竣工的主要运输水平巷道和基建时的风、水、电、气、运输系统转入生产，结果造成采矿布局要服从基建的需要，基建和采矿相互干扰，既不能有次序地持续进行生产，又影响基建施工。因此，矿山建设到投入生产，必须规定一个投产标准，明确规定投入生产前应完成的基建工程量，为矿山从投产到设计生产能力创造必要的条件。

根据我国矿山建设经验，冶金矿山投产标准应满足以下要求：

（1）矿山正常生产所需的开拓、内外部运输、供电、供水、选矿厂（破碎车间）、压气、通风、排水和机修设施等，均应建成完整的系统。但对其中某些矿山设备（如压气、机车、电耙等）可根据矿山自投产到达产所需时间的长短，分期安装与增设。如生产中的压气消耗量是随产量的逐渐增长而增大，因此，压气设备可以根据生产需要分期安装，但压气管路安装，则应一次完成。

（2）按投产规模计算的三级矿量保有期限应符合国家规定。

（3）一般情况下，各类矿山投产时的生产能力和投产时应完成的采准、切割工程量需符合表 7-3。

（4）矿山正式投产前，建设部门应进行验收，编制投产报告由主管部门批准方可投产。

表 7-3　各类矿山投产时的生产能力和投产时应完成的采准、切割工程量

矿山类型	生产能力（坑内矿投产时的生产能力应为设计规模的）	采准、切割工程量（坑内矿投产时的采准、切割工程量应为设计规模采准、切割工程的）
大型矿山	1/3 ~ 1/4	1/3 ~ 1/2
中型矿山	1/2 ~ 1/3	1/3 ~ 全部
小型矿山	1/2	全部

7.2.4　编制基建进度计划应注意事项

为了实现国家所需要的矿山建设时间，应尽可能缩短基建时间以保证按期投产和达到设计生产能力，编制基建进度计划所采用的技术经济定额，应是既先进又留有适当余地。因此，在编制基建进度计划中，要注意以下问题：

（1）必须了解施工单位的技术装备水平、工人技术熟练程度，以便确定切实可行的井巷施工定额。

（2）尽量采用平行作业、快速掘进工作组织，并尽可能优先掘进对计划安排起决定作用的主体工程（如竖井、斜井、平硐及贯通运输平巷的天井及通风井）。

（3）了解主要设备及主要原材料的供应情况和到货日期，以便确定井巷的开工时间。

（4）合理安排施工顺序，调整同时掘进的工作面数，使逐月、逐季开动的设备台数应趋于平衡，使工人数目稳定。

（5）对水文地质条件复杂、涌水量大的矿山，应安排疏干时间。

（6）投产前应安排足够的适采时间。

7.2.5　编制基建进度计划的方法

编制基建进度计划所需材料准备就绪后，就可着手编制进度计划，其步骤如下：

（1）根据矿体、阶段的开采顺序和设计的开拓系统、建设时间等因素，拟订出合理的施工顺序。

（2）对所选定的施工顺序方案，大致算出开拓和主要采准所需的期限。

（3）根据计算结果能否满足要求，决定是否保留拟订的施工顺序。

（4）经过这种初步验算与分析后，如认为合适，即可开始详细的编制计划。

7.2.6　编制进度计划考虑的方法

编制进度计划考虑的方法如下：

（1）确定各类井巷施工顺序时，应以连锁工程为主来进行安排。例如，井筒掘进到底后，应迅速贯通主、副两井筒之间的巷道，以便构成通风、运输、排

水等系统。在施工力量许可条件下，尽可能采取主、副井同时施工。硐室工程量大，有条件时，可多工作面同时平行作业。

（2）排列工程项目。先排主体工程项目，按开采顺序后排其他工程项目；在阶段上，先排开拓工程，后排采准、切割工程。

（3）计算工程量。分别按投产规模和设计规模计算应保有三级矿量所需开拓、采准、切割工程量。

（4）计算各项工程所需时间。根据井巷工程的断面尺寸和支护形式、采用的劳动组织、技术装备水平、掘进方法及工人技术熟练程度等因素，确定井巷掘进速度。根据掘进速度和工程量即可求出各项工程所需时间。

（5）进度计划以表格形式表示，按各项施工顺序及时间以格线画在各年月的栏内，在格线的上方标出工程量的数量。通过编制，可列出各年的基建工程及同时掘进的工作面数。

基建进度计划示例见表7-4。某金铜矿基建进度计划见表7-5。

表7-4　基建进度计划示例表

名　称	支护材料量			工程量		每月进尺/m	完成时间/月	××××年												××××年			
	木材/m	混凝土/m	钢材/kg	长度/m	体积/m			1	2	3	4	5	6	7	8	9	10	11	12	1	2	3	4
竖井、斜井、溜井																							
主平硐																							
⋮																							
××米阶段																							
一、开拓工程																							
1. 石门																							
2.××硐室																							
⋮																							
二、基建采准工程																							
三、基建切割工程																							
四、基建探矿工程																							
小　计																							
××米阶段																							
一、开拓工程																							
⋮																							
小　计																							
总　计																							
年开拓工程量																							
年基建采准工程量																							
年基建切割工程量																							
年基建探矿工程量																							
同时工作凿岩机																							
年末保有三级矿量																							
年三材消耗量																							

120

表7-5　某金铜矿矿基建进度计划表

井巷名称	支护种类及支护率/%	掘进断面/m²	工程量长度/m	工程量体积/m³	台月进尺/m	完成需要时间/月	第一年(1~12月)	第二年(1~12月)	第三年(1~12月)
主井	喷混凝土,100%	18.1	335	6350	35	10.2			
风井	喷混凝土,10%	8.04	112	920	45	2.5			
-40m 车场及石门	喷混凝土,10%		132	1405	80	1.7			
进风平巷,石门	喷混凝土,10%	4.95	696	3293	80	5.1			
-90m 车场及石门	喷混凝土,10%	5.01	110	1027	80	1.4			
运输及穿脉	喷混凝土,10%	4.65	695	3300	80	8.6			
通风石门			130	608	80	1.7			
采矿平巷		4.72	500	2360	160/80	3.1			
采区变电所			21	210	350	0.8			
采准及切割工程			1712	6664	70	11.4			
-130m 车场及石门			150	1301	80	1.9			
运输及穿脉平巷		5.01	772	3668	80	5.1			
坑内炸药库			118	572	350	1.7			
电机车,凿岩机			40	382	350	1.1			
修理硐室									
采准,切割工程			359	1302	70	3.6			
-170m 车场及石门			160	1360	80	2			
水泵水仓等		4.8~11.7	390	2436	30/70	7.2			
总计			8432	37240					
年开拓工程量/m³							3297	12466	1707
年基建采准工程量/m³							1317	6668	2691
年基建切割工程量/m³								360	172
同时工作凿岩机数台							5~8	2~5	3~4
年保有三级矿量 开拓矿量(t)/采准矿量(t)/备采矿量(t)									133586/174165/437392 127/2584/139367
年三材消耗 木材(m³)/混凝土(m³)/钢材(kg)									

7.3 采掘进度计划的编制

矿床采掘进度计划是实现科学管理、有计划地指导生产的文件。不仅在矿山投产前要编制采掘进度计划，而且在正常生产过程中，每年都需要编制采掘进度计划，以保证矿山的持续、均衡生产。

7.3.1 编制采掘进度计划的目的

编制采掘进度计划的目的如下：

（1）验证矿山回采和采准工作的逐年发展情况。

（2）在产量验证的基础上，按开采技术条件进一步核实矿山能否保质保量地在预定期限内达到设计规模。

（3）具体安排矿体、阶段和矿块回采的先后顺序，计划逐年的矿石产量和质量以及矿山的投产和达产的日期。

（4）确定采掘工作所需人员和设备的数量。

7.3.2 编制采掘进度计划所需的基础资料

编制采掘进度计划所需的基础资料有：

（1）要求的逐年产量及设计的年产量。

（2）矿床开拓、运输及通风系统图。

（3）各阶段平面图及各矿体纵剖面图。

（4）各阶段及各矿块的工业储量表。

（5）矿体的回采顺序。

（6）基建进度计划表。

（7）设计所采用的采矿方法图（包括矿柱回采方法图）及主要技术经济指标（凿岩班效率、矿块昼夜生产能力）。

（8）采准与回采计算资料。

（9）采准和切割的井巷工程量。

（10）矿石开采的损失率和贫化率。

（11）改建和扩建的矿山，还需矿山近期的生产进度计划及开采现状图。

7.3.3 编制采掘进度计划的原则

编制采掘进度计划的原则如下：

（1）尽可能提前达到设计产量，以满足矿山经济发展的需要。

（2）遵循合理的开采顺序，如多层矿体先开采上层，再开采下层。在回采矿柱时，不能破坏运输和通风系统。矿房回采、矿柱回采顺序都必须合理地安排，相互协调。要注意及时回采矿柱。

（3）正确处理优先开采富矿和贫矿兼采问题。在不破坏合理开采顺序以及保证运输及通风系统的前提下，可以优先开采富矿段，以便在近期为企业提供更多的金属，使企业初期盈利较大，充分发挥投资效果。不具备上述条件时，应按照合理的开采顺序要求，实行贫富兼采，并考虑采出矿石的质量均衡问题，以利于选矿流程安排和提高选矿回收率。

（4）对于多种产品的矿山，应使各种产品逐年的产量和质量在比较长的时间内保持稳定。

（5）采掘进度计划与基建进度计划要相适应，便于基建和生产很好地衔接。在达到设计产量之前，每年所需设备、人员和材料应随产量增长而逐年增加，达到设计产量后，应尽量保持平衡。

（6）一般情况下，同时作业的阶段数不应多于 3～4 个，同时回采的阶段数为 1～2 个。

（7）运输通畅，通风条件良好。

采掘进度计划通常由表格和文字两部分组成。在文字部分，说明编制计划的原始资料、编制原则和采掘顺序等。在表格中，列出采准、切割、回采工作的顺序、时间和数量，即表示出各项工作的时间、空间和数量及其关系，同时还要列出采出矿石量等，见表7-6。

表 7-6   采掘进度计划示例表

工作性质		断面 /m²	长度/m		体积/m³		支护 形式	月掘进 定额/m	掘进 时间/月	第一年	第二年
			矿石	岩石	矿石	岩石					
115～155m 水平人行设备天井		10.4		45		470	混凝土	45	1	①0+470	
115m 水平放矿溜井		3.2	50	61	160	195	不支护	70	1.5	160+195	
115～155m 水平通风天井		5		45		225	混凝土	45	1	②0+225	
115m 水平 采准巷道	第一号矿块	9	130		11700		不支护	75	18	3033+0	8100+0
	第二号矿块	9	1300		11700		不支护	75	18	③3030+0	8100+0
	第三号矿块	9	1300		11700		不支护	75	18	④3030+0	8100+0
115m 水平 切割及回采	第一号矿块										⑥5000+0
	第二号矿块										⑦5000+0
75～115m 水平人行设备天井		10.4		45		470	混凝土	45	1	0+470	
75～115m 水平通风天井		5		45		225	不支护	45	1	0+225	
75m 水平放矿溜井		3.2	70	78	224	250	不支护	75	2	112+125	
75m 水平 采准巷道	第四号矿块	9	2000		18000		不支护	75	27	7380+0	
	第五号矿块	9	2000		17811		不支护	75	27	⑤8100+0	

续表 7-6

工作性质		断面/m²	长度/m		体积/m³		支护形式	月掘进定额/m	掘进时间/月	第一年	第二年
			矿石	岩石	矿石	岩石					
75m 水平切割及回采	第四号矿块										⑧1000+0
	第五号矿块										⑨1000+0
总采掘量	矿石									9371m³ 或 36547t	51892m³ 或 202379t
	岩石									1710m³	125m³

注：1. 年度内各进度计划格线上边的数字代表"矿石体积—岩石体积"；
   2. 年度栏内的①～⑤代表采准工作队，⑥～⑨代表回采工作队。

编制计划所需的采准、切割工作量，如矿体较规则时，可按有代表性矿块的采矿方法图计算；如矿体厚度和倾角变化大，则按平面图实际布置矿块的方法计算。

习 题

7-1 矿山发展分哪几个阶段，各个阶段的特点是什么？

7-2 什么是矿山开采的三级矿量？

7-3 什么是基建进度计划？什么是采掘进度计划，各自的编制步骤是什么？

8 矿山总平面布置

8.1 概　述

8.1.1　总平面布置的任务和设计内容

矿山总平面布置是一项综合性的设计，是矿山企业总体设计中的重要组成部分。它是在总体规划的基础上，根据矿区地形特征、矿体赋存条件、矿山生产规模、矿石加工运输的要求，将生产和生活所需的构筑物、建筑物合理配置在平面图上，并用运输线路加以连接，使之形成一个内外协调的有机整体。由此可见，总平面布置任务是：

（1）对内正确选择工业场地，使场地上各建筑物、构筑物和运输路线衔接生产，合理配置；

（2）对外实现产品、货物的交流，加强内外的联系，保证整个企业的协调配合，安全可靠。

总平面布置是全局性问题，一旦形成，在生产过程中不易改变。布置得当，不仅能满足生产需要，而且能为职工生活创造良好的条件，节约基建投资，节约劳动力。布置不当，将使生产工艺流程不合理，增加地面运输工作量，给生产和生活带来不便。因此，矿山总平面布置设计是十分重要的任务。

总平面布置的设计内容如下：

（1）采矿工业场地的确定及其各种建筑物、构筑物的平面布置；

（2）选择废石场的位置并确定其储运系统（废石场的容积、排渣方式与线路）；

（3）选择爆破器材库的位置，进行库存和库房的平面布置；

（4）确定内外部运输方式，运输系统，进行运输线路的设计；

（5）配置各种管线（上、下水道、热力管道、电缆、通信等线路）；

（6）规划住宅区；

（7）绘制总平面图。

进行总平面图布置时，在充分满足生产、方便生活的前提下，应保证合理的建设顺序，良好的经济效果，尽量节约用地，少占或不占农田，并考虑今后生产发展的可能性，留有适当余地。

8.1.2 总平面布置的组成

矿山总平面布置的组成一般包括采矿工业场地、选矿工业场地、废石场、爆破前器材库（场地）、行政福利设施和住宅区。其场地组成及建筑物、构筑物的配置见表8-1。

上述组成根据地形条件、生产规模及开拓方法的不同，应有所合并、取舍，以便布置紧凑、节约用地、减少基建投资。

表 8-1　矿山工业场地组成及其建筑物、构筑物的配置

	主要生产场地	（1）提升机房 （2）通风机房 （3）压气机房	废石场	（1）运输线路及附属建筑物 （2）照明及通信线路 （3）工人休息室
采矿工业场地	辅助生产及机修设施	（1）综合机修车间 （2）木材加工厂 （3）木材堆场 （4）锅炉房 （5）储煤场 （6）油料仓库 （7）变电所 （8）交通运输设施： 　1）运输线路 　2）牵引变电所 　3）电机车库 　4）修理坑	爆破器材库	（1）炸药库 （2）爆破器材库 （3）炸药加工室 （4）消防工具棚 （5）储水池 （6）岗亭 （7）警卫室 （8）办公室
选矿工业场地	破碎筛分厂	（1）原矿仓 （2）破碎车间 （3）筛分车间 （4）皮带运输通廊 （5）地磅房	行政福利设施	（1）矿区办公室 （2）矿区医院（或医务室） （3）化验室 （4）职工食堂及保健食堂 （5）浴池、太阳灯室 （6）幼儿园 （7）哺乳室 （8）生活用锅炉房
	选矿厂	（1）选矿车间；重选、磁选等车间 （2）磨、浮车间 （3）过滤干燥工段 （4）成品储矿槽 （5）化验室 （6）实验室 （7）机修车间 （8）成品装车 （9）运输路线	住宅区	（1）工人村 （2）职工宿舍 （3）公共设施 （4）俱乐部 （5）影剧院 （6）运动场 （7）学校 （8）商店 （9）浴池

8.1.3 总平面布置的基本原则

总平面布置的基本原则如下：

（1）根据地形条件和生产工艺、系统的要求，合理地进行矿（厂）区的配置和场地的划分，使各场地具有足够的面积和良好的运输条件，以布置必要的建筑物、构筑物和运输线路。

（2）建筑物、构筑物应配置紧凑，并符合生产程序，以便形成生产作业线。对动力需要、运输方向、防火及卫生条件等要求类同的车间和设备尽可能配置在一个地段，便于生产管理。如压气机房和锻钎车间应接近机修、电修车间；木材加工房和木材堆场应配置在运输线路的一侧。

（3）各场地及其建筑物、构筑物的布置，应尽可能利用地形，节省土石方工程量，少占农田。

（4）所有工业场地应布置在地表移动带 30m 以外（临时性建筑物除外）工程地质和水文地质良好的地段；避免位于山崩、雪崩和山洪危害区内，同时还应不受爆破的影响。

（5）如矿山规模过大，需分期建设时，应尽量压缩一期工程场地的面积和建筑工程量，以节约初期的基建投资。同时，为二期工程的发展，留有适当的余地。

（6）资源大而分散的矿山，应考虑分散的可能性，避免过分地集中。

（7）场地内各建筑物、构筑物的布置，要考虑摆布方向和主导风向，以保证天然采光、室内通风，避免受粉尘和有毒气体的影响，且它们之间的距离应符合安全、卫生的要求。

（8）矿区内外交通运输要充分利用地形，缩短运输线路，尽可能减少运转，以简化运输方式。铁路的最大纵坡不应超过 3%，站线的坡度不超过 0.5%，公路的纵坡不超过 8%。

8.2　采矿、选矿工业场地

8.2.1　采矿工业场地的选择

采矿工业场地是为采矿过程直接或间接服务的生产设施和行政福利设施，一般包括井架、提升机房、地面车场、卸矿仓、通风机房、压气机房、锻钎房、木材堆场和木材加工房、油料仓库、废石场、矿井办公室、浴室、保健站和食堂等。

采矿工业场地的合理选择，对保证生产的安全、可靠以及降低基建投资和生产费用具有一定的作用。采矿工业场地与矿床开拓运输条件关系密切，并相互制约。在地形有利时，往往根据有利于开拓井巷的位置来决定。同样，在考虑开拓井巷位置时，也必须考虑该方案的工业场地。同时，由于地形的限制，地表没有良好的采矿工业场地，也可能引起开拓巷道位置的变化。因此，在选择工业场地时，必须和开拓巷道的位置联系起来考虑。当主副井集中布置时，可以用一个场地统筹考虑布置上述建筑物和构筑物。当主副井相距较远的对角式布置时，可分散布置两个工业场地。此时，主井附近工业场地布置与出矿和矿石装运有关的构筑物，在副井附近的工业场地布置锻钎房、木材堆场、木材加工房、材料库以及行政福利建筑物等。

8.2.2 选矿工业场地的选择

选矿工业场地选择的原则如下：

（1）选场位置最好选择在坡度为 10°~30° 的山坡上，以便充分利用地形，竖向配置选矿厂工艺流程，以减少土石方工程量。具体来讲，破碎筛分车间 8°~30°、重力选矿 15°~20°、浮选车间 10°~15° 的地形为最适宜。

（2）选矿工业场地尽可能接近采矿工业场地以缩短地面运输距离。条件许可时，选矿工业场地可与采矿工业场地合并，以简化地面运输系统。如箕斗井设在选矿厂旁，以利于从箕斗井提升上来的矿石能直接卸入选矿厂矿仓。

（3）选矿厂的受矿槽顶部标高应低于井口标高，以利于重车下行，卸矿方便。

（4）产生粉尘的卸矿点、破碎车间，不仅应与风井有一定的距离（应大于 300m），而且应位于主导风向下风侧，以减少粉尘进入井下。

（5）选矿厂应设在供水、供电和尾矿排放方便的地方（因选矿厂耗水、耗电量大，一般选矿单耗为耗电量 20~30kW·h/t 矿石、耗水量 3~10m³/t 矿石）。但不应设在易遭洪水淹没、雪崩及河水、水库缺口附近和尾矿坝的下游。

（6）尾矿坝最好选择在靠近选矿厂的天然沟谷的枯河地段，其标高低于选矿厂标高，以利于尾矿自流排放，避免设置砂泵等设备。

8.2.3 采矿工业场地主要建筑物、构筑物的配置

采矿工业场地主要建筑物、构筑物的配置介绍如下：

（1）井架。井架是支承天轮，通过缠绕的钢绳以承受提升容器及矿石、物料的重量的框架结构物。其结构和材料取决于矿井规模、服务年限和提升能力。

井架的位置直接由井筒的位置所决定。在我国金属井架使用广泛，矿井报废时，钢架可回收。钢筋混凝土井架一般使用于服务年限 20~30 年以上的矿井。钢结构和木质井架仅用于服务年限小于 10~12 年的小型矿井，或用作掘进时的临时井架。

（2）地面储矿仓和破碎设施。箕斗提升时，应设置地面储矿仓，以便箕斗把提升上来的矿石直接卸入储矿仓中。有时，为适应矿石加工运输的要求并设有

破碎筛分设备，这就形成了井口的地面矿石流程系统。

(3) 提升机房。提升机房是采矿工业场地的组合中心。应根据提升机的机械系统和技术要求，结合地表地形及工程地质条件合理布置提升机房，其位置在提升井附近并便于地面车场的布置，使进出车和物料的卸载简单方便，协调配合。实际上，提升井筒位置一经确定，提升机房的位置也就固定下来。提升机房与竖井中心水平距离，一般为 20~40m。当采用多绳索摩擦轮落地式提升机时，机房设在井架侧翼。

(4) 通风机房。通风机房通常靠近风井（副井或主井）井口并利用风道与井筒相连。尽可能使风管长度最短、弯道最少，以减少风阻，降低风量消耗和节省通风费用。当采用压入式通风时，为保持入风口的风源洁净，吸风口应距废石装卸地点、破碎车间、锅炉房等污染源有一定距离并位于其上风侧，与木材堆场距离不应小于 80m，与办公室、生活用房距离不小于 20m。当采用抽出式通风时，通风机房距离电机车库、锻工车间等厂房的距离也不小于 20m。

(5) 压气机房。压气机房应设置在井口附近，尽量靠近引入压风管道的井口、通风良好的地段。由于压气机开动时的振动和噪声较大，与办公室、提升机房以及有腐蚀气体的车间或实验室的距离不得小于 30m。压气缸入气口应与产生粉尘的车间和废石场等要有一定的距离（大于 150m）。储气缸（风包）应设在机房阴面，以利散热。

(6) 机修厂。大型矿山一般都设有机修厂，进行中修和大修作业，也可以加工与生产配件部件。中小型矿山一般只设一个综合机修车间解决中修和小修任务。车间内安装有机床、钻床、刨床以及锻、铆、钳、电工等设备。机修车间应距井口较近，最好与井口在同一水平，以免重物上坡。

当矿区内有同属于一个联合企业的几个矿山时，可联合设置一个中央机修场，为矿区内各个矿山提供设备大修之用。

(7) 器材库。矿山的器材库往往和机修厂设在一起，在一个大的建筑物内（称为综合机修厂），器材库位置应接近井口或内部交通联系方便的地方，以便及时修理、存放部件和备品备件，向井下发送材料和设备。

(8) 锻钎房。为运送钎子方便和缩短压气管道的敷设，锻钎房应设在井口附近，与井口的铁路连接，处于同一水平面并接近压气机房。锻钎房内应设置修磨钎头、钎尾、钎杆锻制、钎头硬质和合金镶焊热处理等设备。有时，锻钎房可以作为一个附属车间设在机修车间内，它们应与提升机房和化验室保持一定距离。

(9) 木材堆场、木材加工房。为便于运输，木材堆场和木材加工房应设置在交通方便地段，距公路或铁路不大于 15~20m；或设在场地一侧或端部，位于明火车间的上风侧。为防火需要，木材堆场距井口不小于 50m，木材堆场、木材加工房与油料仓库、易燃仓库距离不小于 50m。

(10) 废石场。废石场应设在提升废石井筒附近、矿体开采界限以外，并有足够的容积，能容纳矿山服务年限内全部运出的废石。当一个场地较小不能堆积时，可以考虑两个废石场。废石场最好选择在山沟、洼地或荒山坡上。要求从井口到废石场保持一定的坡度，使重车下行，便于废石的卸载。废石场应位于入风井、办公房或其他厂房的下风侧，以减少粉尘的污染。有条件的矿山应对废石进行综合利用，如充填采空区、作为建筑材料等。

废石的有效容积计算：

$$V_效 = \frac{V_实 K_松}{K_沉} K_余 \tag{8-1}$$

式中　$V_实$——为服务年限内开凿的岩石的实方量，m^3；

　　　$K_松$——岩石的松散系数；

　　　$K_余$——富余系数；

　　　$K_沉$——松散岩石的下沉系数，一般 $K_沉$ 的参考值：硬岩 1.05～1.07；软岩：1.1～1.12 砂和砾岩 1.09～1.13；亚黏土 1.18～1.21；泥灰岩 1.21～1.25；硬黏土 1.24～1.28。

(11) 变电所。变电所一般应设在用户负荷中心，并易于引入外部电源的地方。主要用户的用电量比例为坑内 20%～40%、压气机房 20%～30%。此外，出入变电所的高压线不应与铁路、公路相交叉。如须相交，也应垂直或斜交。变电所室外部分应与公路相连，以满足变压器等设备安装、检修时的运输要求。

(12) 锅炉房。锅炉房的主要用途是供各建筑物、构筑物取暖、福利用水及高寒地带的入风井预热等。其位置应接近主要用户并低于主要用户水平，以节省管道，便于回气。锅炉房应有一定的防火措施，与主要建筑物、构筑物保持一定的距离。

(13) 油料仓库。油料仓库应设置在远离生活用水的地方，其距离应大于 30m，以免泄露、污染水源，并应尽可能接近主要用户。

(14) 行政福利建筑物。行政福利建筑物是工业场地的主体建筑物，既是生产的指挥中心，又是生活福利的集中地区，它包括办公楼、医院、化验室、职工食堂、浴池、太阳灯室、汽车库、生活用锅炉房等。其位置应适中，面向主要道路，便于上下班，周围应留有 15～20m 宽的绿化带。

总平面布置的各组成部分，从经营管理方便的角度考虑，宜集中布置。当矿山企业生产能力较大、服务年限较长、矿床埋藏集中时，采用中央式布置井筒，在条件许可时，可以将采矿工业场地内的 85%～90% 的构筑物合并成三个大型联合建筑物，即主井联合建筑物、副井联合建筑物和行政福利联合大楼，如图 8-1 所示。

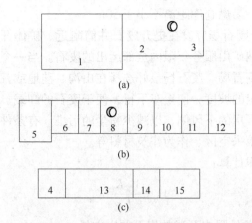

图 8-1　各种联合建筑物示意图

（a）主井联合建筑物；（b）副井联合建筑物；（c）行政福利联合大楼

1—主井箕斗提升机房；2—配电室；3—主井井口房；4—锅炉房；5—副井罐笼提升机房；

6—辅助间；7—空气加热室；8—副井井口房；9—压气机房；10—制钎车间；11—机修厂；

12—材料仓库；13—浴室；14—辅助间；15—生活管理间

　　当资源分散或矿体埋藏面积很大，不得不分几个坑口采矿时，一般为全矿服务的主要工业场地、行政管理、福利、机修、仓库、动力设施等设在中央区，而在每个坑口设置简单的管理、修理设施和部分住宅。坑口在地形复杂的高山上时，一般将直接为坑口服务的设施建在坑口附近，其他则建在山下。

　　采矿工业场地总平面布置实例如图 8-2～图 8-4 所示。

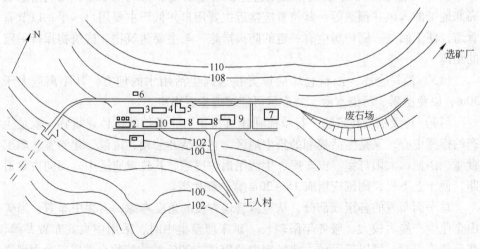

图 8-2　大型矿山工业场地总平面布置

1—平硐；2—空压机房；3—仓库；4—锻钎机房；5—电机车库；6—水池、冷却塔；

7—木材堆场；8—办公室、生活用房；9—锅炉房；10—设备材料库

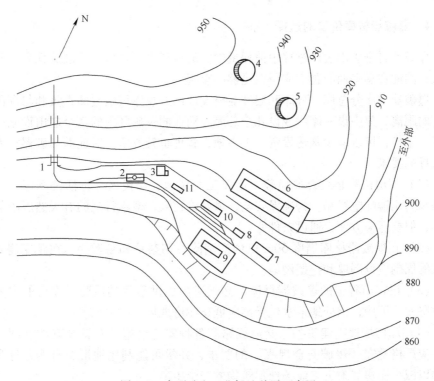

图 8-3　中型矿山工业场地总平面布置

1—平硐；2—竖井井口房及井架；3—提升机房；4—高位水池；5—冷却水池；
6—变电所及空压机房；7—机修站；8—电机车车辆修理间；9—木材加工房及堆场；
10—设备材料库；11—办公室

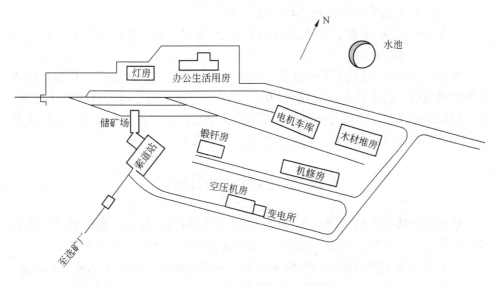

图 8-4　小型矿山工业场地总平面布置

8.2.4　爆破器材库位置的选择

爆破器材是矿山生产过程中消耗量较大的材料之一。由于其敏感性高、危险性大，因此在总平面布置中应予以足够的重视。

爆破器材库分总库、分库和爆破器材发放站。总库可根据储存量和与周围建筑物的距离，集中设一库房或设几个总库，而在同一矿区内的每个矿山设立一个分库。这样，可以减少基建投资，少占地，管理也较方便。对地面爆破器材库位置选择的要求：

（1）库房位置必须力求隐蔽，远离工业场地、居民区、生活福利区、运输线路和高压输配电线路。为确保安全，最好设在人、畜不常到的有天然屏障的山沟中，但要运输方便，通风条件好。

（2）在爆破器材库周围 50m 以内应消除一切杂草和易燃物。在距库房 40m 左右的周围应设围墙和挖掘沟渠。

（3）设在山谷中的爆破器材库，必须避免山洪暴发的威胁。库房的主要土质应坚实、干燥，该处地下水位标高应低于库房地坪 5m 以下。

（4）库房场地内建筑物、交通线路和各种安全设施的布置及其相互间的距离，应严格遵守《爆破安全规程》的要求，并尽可能利用地形、自然条件和隐蔽物以减少库房与附近工业场地建筑物的安全距离。

平地布置爆破器材库与周围建筑物的安全距离计算公式如下：

$$R_\text{安} = K_1 Q^{1/2} \tag{8-2}$$

式中　$R_\text{安}$——库房与周围建筑物的安全距离，m；

　　　Q——库房中可能储存的炸药量，kg；

　　　K_1——安全系数，库房外围没有土堤时，$K = 0.5 \sim 1.0$；有土堤时，$K = 1.5 \sim 2.0$。

由于式（8-2）适用于平坦地形。当地形条件不同时，应做适当调整。在峡谷地形爆破时，沿沟的方向应增大 $50\% \sim 100\%$。如爆破器材库背靠高山陡崖，且正面朝向居民区，则其与居民边缘距离应比平地加倍考虑。当其与居民区间有较大的自然山岳或陡崖相隔，其安全距离可减半考虑。

8.3　住宅区位置的选择

住宅区包括工人村、职工宿舍以及社会文化和公共设施，如俱乐部、影剧院、阅览室、运动场、学校、商店等。其位置的选择应满足以下要求：

（1）在满足卫生和防护间距的条件下，应尽可能接近采矿和选矿工业场地，并有公路相通。其距离以保证职工由住宅区到工作地点步行不超过半小时为宜。

超过半小时应考虑设通勤车。

（2）住宅区和工业场地之间不应有铁路线相隔，以免职工上、下班穿过铁路。如不可避免时，应采用立体交叉等办法解决。住宅区和工业场地最好布置在铁路同一侧，避免上述问题的发生。

（3）环境优美、清净并有良好的水、电供应条件。

（4）应位于主导风向上风侧和地势有利的地方，以避免不受粉尘、有毒气体、污水及废料等的污染影响。

（5）应尽可能不占或少占农田，可设在平缓的山坡地带和荒地上，其位置应满足日照、通风、卫生条件良好的要求。在北方寒冷的地区，考虑采暖关系应集中布置宿舍。在南方地区，无合适建筑物场地时，可采取分散布置，分别靠近采、选工业场地。

（6）采用露天开采时，应在露天开采境界以外半公里，但也不超过2公里。当采用地下开采时，应在地表移动带以外，且应符合防爆、卫生、安全距离要求。

（7）为保证职工的文化娱乐需要，生活区必须设有俱乐部、影剧院、运动场、阅览室等，并注意绿化、美化环境，改善职工的物质生活和精神文明生活。

住宅区其他建筑物，如邮电局、银行、书店、粮站、饮食店、百货公司等服务行业，其建筑面积可列入总体规划中，其人员属社会商业系统，不在矿山企业职工定编之列，但考虑住房面积时，应把这部分人员计算在内。

8.4 工业场地竖向布置

工业场地的竖向布置就是利用地形的高差来布置工业场地上的建筑物和构筑物的一种方法。在矿山企业总平面布置设计中，工业场地划分和建筑物、构筑物的配置往往受自然地形条件的限制，不能满足生产和工艺的要求。

工业场地竖向布置的目的就在于因地制宜地充分利用地形，布置场地上的建筑物和构筑物；确定运输线路及标高；制订场地平整方案；防排水措施；尽量使土石方量最少，并挖填平衡。

8.4.1 竖向布置的原则要求

工业场地竖向布置的原则要求如下：

（1）满足生产工艺和矿山内部、外部运输装卸作业对高程的要求。

（2）根据自然条件，尽可能充分利用地形，力求土、石方工程量最小，挖、填工程量趋于平衡，并考虑分期分区挖填平衡，以利于土石方的调运。

（3）考虑工程地质、水文地质的要求。

（4）场地标高和坡度的确定，应保证场地不受洪水的威胁和为雨水顺利排除创造条件。

（5）尽可能兼顾农田水利灌溉和覆土造田的需要，以支援农业。

8.4.2　竖向布置的形式

根据设计场地整平面之间连接方式的不同，工业场地竖向布置形式可分为两种：

（1）平坡式。此种布置形式的特点是整个设计场地为整平面，无坡度或由几个坡度较小的斜坡所组成，如图 8-5 所示。

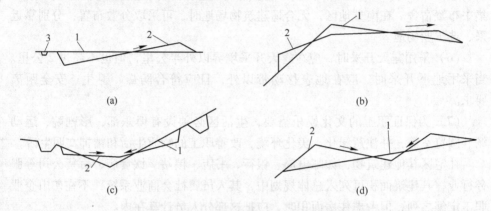

图 8-5　斜面形平坡布置示意图

（a）单向斜面平坡；（b）由场地中央向边缘倾斜的双向斜面平坡；（c），（d）多向斜面平坡
1—自然地面；2—整平地面；3—排洪沟

（2）阶梯式。此种布置的特点是设计场地由若干个相连的台阶所组成，相邻台阶间以陡坡或挡土墙连接，且其高差在 1m 以上，如图 8-6 所示。

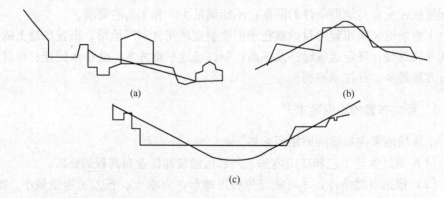

图 8-6　阶梯布置示意图

（a）单向降低的阶梯；（b）由场地中央向边缘降低的阶梯；（c）由场地边缘向中央降低的阶梯

8.4.3 竖向布置的选择

竖向布置可根据自然地形条件、场地和车间的性质、生产工艺的要求、运输方式来选择。一般情况下，在场地面积充裕和地形条件许可时，宜采用一个台阶，即平坡式布置；在地形和面积受到限制时，可采用两个台阶或多个台阶，即阶梯式布置。不同台阶布置示意图如图 8-7 所示。

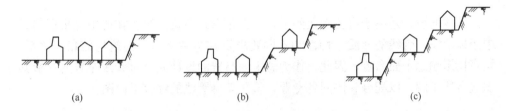

(a)   (b)   (c)

图 8-7　不同台阶布置示意图

（a）布置在一个台阶上；（b）布置在两个台阶上；（c）布置在三个台阶上

金属矿山往往处在地形比较复杂的丘陵地带，为了减少土石方工程量，常采用台阶布置。采矿工业场地布置在山坡上，其井口矿石地面生产工艺设施台阶式布置如图 8-8 所示。

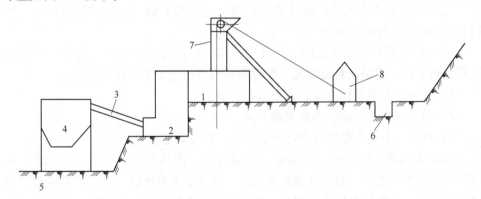

图 8-8　井口矿石地面生产工艺设施台阶式布置

1—井口房；2—破碎筛分车间；3—皮带通廊；4—矿仓；5—标准轨铁路；

6—截水沟；7—提升井；8—提升机房

应当指出，在平坦地区布置建筑物、构筑物时，其纵轴宜与地形等高线稍成角度，便于场地排水。坡形地区布置建筑物、构筑物，其纵轴宜顺等高线布置，以减少土方工程量和基础深度，并改善运输条件。在山区布置建筑物、构筑物时，避免靠山贴岭过近，以减少削坡土方、挡土墙和护坡工程量。生产性质、动力需要、卫生条件相同的车间和联系密切的建筑物、构筑物可配置在同一阶梯上。例如，机修厂、锻钎房可布置在一个阶梯上；而木材堆场、木材加工房可布置在另一个阶梯上。工业场地的最小坡度应不小于 5‰，以满足排水的要求。而生产车间或厂房内地平标高应高于室外标高的 0.2~0.3m 以上，其基础埋深一般为 1~2.5m。

8.5 管线的综合布置

管线的设计是属于有关专业的工作，但是管线布置最终要在矿山总平面布置中予以落实。管线的介质、特性和不同要求及其与建筑物、构筑物的相互关系，均直接影响总平面布置。因此，作为总平面布置的设计人员对管线布置的一般知识应有所了解，以配合、协同各专业，统一安排管线的综合平面图。

8.5.1 管线综合布置原则

矿山企业的工业和民用管线包括压气管道、给排水管道、热力管道、尾矿管道、电力、通信架空线等，其布置原则如下：

（1）尽量使管线之间、管线与建筑物之间在总平和竖向上配置协调，既贯彻节约用地的原则，又考虑施工、检查方便及安全条件。

（2）各种管线宜为直线敷设并和道路、建筑物的轴线或相邻管线平行，同时保持最小水平距离的要求。

（3）尽可能避免管线之间，管线与公路、铁路及其他道路的交叉。当交叉不可能避免时，应采取直角交叉，并应采取加固措施和如下敷设方法：

1）易燃、可燃液体管道，位于其他管线上面。

2）给水管应在污水、排水管道上面。

3）电力、电缆在热力管和通信管下面，并在其他管线上面。

（4）布置埋地管线时，不应布置在建筑物、构筑物的基础压力范围内，要在行车道以外的地段，敷设在绿化带以内。既不能重叠敷设，又应按管线埋设深度自建筑物、构筑物基础外缘开始，由里向外、由浅到深合理排列，其顺序为通信电缆、电力电缆、热力管、压气管、煤气管、给水管、污水管等。

（5）地下管线应避免饮用水管与生活、生产污水排水管和含酸碱腐蚀有毒物料管线平行布置，以保证饮用水的水质洁净；若避免不了，则平行布置，其间保持一定的距离。电力电缆不得和金属管线靠近敷设，以防止金属管线产生电腐蚀。

（6）管线不应重叠敷设，当发生矛盾时，一般应小管让大管、可弯管让不可弯管、临时管让永久管、有压管让自流管、施工工程量小的让施工工程量大的管道。一般应将检修量多、埋设浅、管径小的管线敷设在最上层，有污染的管线埋设在最下层。

（7）埋地管线埋设深度。给水管线的最小埋设深度（自管顶算起）应在冻结深度下 0.2~0.3m；排水管道在冻结深度以下 0.3~0.5m，且距地面不小于 1m；热力管道及压气管道应埋设到土壤冻结深度外。敷设在沟道内的管线，其沟顶距地面有载重汽车通过时，则需加深。

8.5.2 地下管线最小埋设深度

地下管线最小埋设深度见表 8-2。

表 8-2 地下管线最小埋设深度 （m）

名　称		埋设深度（由地面至管顶或管沟顶）
排水管		冻结深度以下 0.2~0.3，但距地面不得小于 0.6
排水管	管径≤350mm	冻结深度以下 0.3，但距地面不得小于 0.6
	管径≥400mm	冻结深度以下 0.5，但距地面不得小于 0.7
煤气管		冻结深度以下，但不得小于 0.8
压气管		冻结深度以下，但不得小于 0.8
石油管		油内不含水分，可敷设在冻结线上，一般在冻结线以下 1.0
电缆		0.7

8.5.3 地上和架空管线敷设原则

（1）地上和架空线布置时，不应影响交通运输和人行往来，保证车行道净空和铁路的建筑界限。

（2）应不妨碍建筑物的采光和通风，尽可能集中在一个支架上，可利用构筑物的走廊或外墙作支架，注意线路走向，达到外观整齐。

（3）山地建筑总平面内的管线敷设，应因地制宜、节约用地，保证边坡的稳定，管线充分利用山地敷设。

（4）地上与架空低支架，应尽量避免与道路、货流线交叉。

8.5.4 管道与建（构）筑物之间最小水平距离

管道与建（构）筑物之间最小水平距离见表 8-3。

表 8-3 管道与建（构）筑物之间最小水平距离 （m）

管道名称	建筑物	铁路中心线	公路边缘	单独柱子
管径 300mm 左右	3~5	3~8	1.5~2.0	1.5
地下管道支架	4		1.5	2

管 道 名 称	建筑物	铁路中心线	公路边缘	单独柱子
埋于地沟内的热力和压气管道	3	3.8	1.5~2.0	2
低压电力网和通信网、电沟内电力网和通信网	1.5	支架高度加3m	0.5~1.0	1~1.5
高压输电网	2~4	支架高度加3m	支架高度	4

8.6　总平面布置方案比较

进行矿山总平面布置，技术上可行的方案往往有几个。单凭技术因素和施工条件的难易程度、地面布置的紧凑与否、运输线路的长和短、经营管理是否方便等方面比较，有时不足以说明问题，难以确定取舍。必须从技术经济比较来选择技术合理、节约投资的最优方案。

技术经济比较包括以下项目：

（1）基建工程量及其投资，包括：

1）运输线路和各种工程技术管线的建设工程量及其投资；

2）工业场地平整的土石方工程量及其费用；

3）地面建筑物、构筑物的工程投资；

4）水和电的基建工程及其投资。

（2）年经营费，主要是货物的运输费和水耗、电耗费用。经营费用根据矿山企业货物年周转量来计算，包含内、外部运输的年经营费用。

（3）设备种类、来源和材料供应情况。

（4）占用耕地面积，包括工业场地总面积、建筑物和构筑物占用面积、露天储矿场占用面积、废石场占地面积等。

（5）需要拆迁的建筑物、迁移的居民数。

（6）建设时间。

（7）建筑系数及场地利用系数。它在一定程度上反映总平面布置是否合理以及建筑物密集度和场区的有效利用程度。

$$建筑系数 = \frac{建筑物占地面积（包括走廊）}{围墙内占地面积 - （坑木堆场面积 + 储矿场面积 + 铁路站场面积）}$$

建筑系数太小，表示建筑物布置不紧凑、场区有效利用程度不高。建筑系数太大，则表示建筑物布置过于密集，有关公路、铁路、房屋间距等用地指标太紧，因而影响交通运输条件和防火、卫生条件。建筑系数一般为20%～30%，最大不超过40%。

在经过上述技术经济比较，若某方案的基建投资和年经营费用均最小，很明显该方案即为最优方案。若某一方案基建投资大、年经营费用小，而另一方案的基建投资小、年经营费用大，这时两方案在经济上的优劣仍不能确定，就需要用基建投资差额返本期或投资差额效果系数来进行评价（见3.2），确定最优方案。若两方案经过经济计算结果，其差额在10%以内，则可以认为两方案的经济效果是基本相同。在此情况下，占有耕地面积和建设期限成为两方案取舍的决定因素，以此来评价方案的优劣。

例8-1　某铜矿为采选联合企业，设计生产能力为日处理原矿1000t，并留有发展余地。

根据矿区地形条件、矿体赋存情况和选矿厂的位置，设计采用主副井分散开拓方案，主井采用箕斗提升，副井采用罐笼提升。两方案的副井位置相同，所不同的是，I方案箕斗井就设在选矿厂旁，因而矿石箕斗提升后，直接卸入选矿厂矿仓内。而II方案箕斗井的位置与选矿厂有一定的距离，中间隔一条水沟，矿石由箕斗提升至地表后，再经斜坡卷扬提升到选矿厂仓。因而存在着两个不同的总平面布置方案，其主要技术条件和基建工程量见表8-4，基建投资和年经营费见表8-5。

表8-4　两方案主要技术条件和基建工程量比较

项　目		I方案	II方案
总平面布置特征		地形完整，场地布置紧凑，面积较小	地形分散不完整，场地布置充裕，面积大
开拓方案特点		主井箕斗井位于选矿厂旁，副井罐笼提升	主井箕斗远离选矿厂，副井罐笼提升。此外，增加一套斜坡场提升
原矿地面运输窄轨线路/m		400	600
矿石工艺系统	供水线路/m	800	增加地面矿仓及设备 500
	供电线路/m	700	1200
土石方工程量	挖土/m³	33050	30730
	填方/m³	23650	19450
迁移居民户数/户		16	24
占用农田数/亩		58	91
赔偿青苗亩数/亩		32	45

表8-5　两方案基建投资和年经营费比较

项　目		单价	I 方案		II 方案	
			数量	金额/万元	数量	金额/万元
基建投资	斜坡场土建及铺轨	11.00 万元/km			0.2km	2.2
	运输线路及铺轨	8.20 万元/km	0.4km	3.28	0.6km	4.92
	斜坡场架				1 套	6.0
	地面箕斗矿仓及设备				1 套	8.5
	供电线路	5.62 万元/km	0.7km	3.94	1.2km	6.744
	供水线路	4.4 万元/km	0.8km	3.52	0.5km	2.20
土石方工程量	挖土	5 元/m³	33050m³	16.53	30730	15.365
	填土	3 元/m³	23650m³	7.10	19450	5.835
小　计				34.27		51.764
年经营费	供电费			1.512		5.184
	供水费			0.84		0.735
	运输费	0.12 元·(t·km)⁻¹		1.44		2.16
小　计				3.792		8.079
合　计				38.082		59.859

经济比较结果表明，I方案优越，故选择I方案。

〰〰〰〰〰〰〰〰〰〰〰〰〰〰〰〰〰〰〰〰〰〰〰〰〰〰〰〰〰

习　题

8-1　什么是矿山总平面布置，总平面布置的主要内容是什么？

8-2　什么是场地竖向布置，竖向布置的目的是什么？

8-3　什么是建筑系数，其意义是什么？

9 矿山地面运输

9.1 概　述

矿山地面运输是矿山总平面设计中的重要内容，由于地面运输是矿山生产和外部连接的纽带，并使各工业场地间的各项生产设施、各建筑物和构筑物有机地联系起来成为一个整体。地面设计得不合理，不仅给以后的生产和管理带来困难与麻烦，而且对矿石的生产费用有一定的影响。因此，在设计和生产中对地面运输应予以重视。

矿山地面运输包括内部运输和外部运输。

（1）内部运输。内部运输可分为两类：

1）矿山内部的生产运输。从井口或平硐口将采出矿石运往破碎厂、储矿场或选矿厂；将废石从提升井口运往废石场；将尾矿从选矿厂运往尾矿坝。均属内部生产运输。

2）矿山内部辅助生产运输。从工业场地往井口、破矿厂、选矿厂、机修厂运送材料设备，以及工业场地各车间与仓库间运送材料，从爆破器材入库、出库，职工通勤运送等，均属于内部辅助生产运输。

（2）外部运输。外部运输是指由矿山向外部用户运送产品（矿石或精矿），以及从外部向矿山运入生产原料、燃料、设备和日用货物。

9.2　运输方式的选择

9.2.1　内部运输方式的选择

内部运输方式一般有窄轨运输（电机车和人力）、架空索道、钢绳运输、皮带运输机运输和汽车运输。内部运输方式的选择主要取决于矿山企业的年生产能力、运输距离和地形条件、矿石工艺流程、开拓井巷布置方式等因素。

（1）矿山企业生产能力。矿山生产能力决定着矿石、废石、材料、设备的运输量。运输量大，可以采用电机车运输；运输量小，可以采用汽车运输。

（2）运输距离和地形条件。运输距离和地形条件决定着运输线路的长短、线路的曲直和坡度。如果线路长而地形平缓时，可采用电机车运输；线路短，则可以采用皮带运输机或钢绳运输；线路坡度大，可采用斜坡卷扬运输或汽车运输；地形起伏变化大而距离较长时，可采用架空索道运输。

井口附近地形决定着废石场的位置，从而决定着废石运输和运输方式。

（3）矿石工艺流程。如矿石采出后，不经任何加工，直接运往用户（冶炼厂），则内部运输非常简单，同时内部运输距离缩短。如矿石须分级或经选矿厂精选后运出，则地表运输系统就复杂化，有时要转运多次，需几种运输设备。

（4）开拓井巷布置方式。开拓井巷如采用中央式布置时，运输线路比较集中且运距短，便于管理和实现机械化。如采用对角式布置时，主、副井距离远，地面设施布置分散，运输距离增长、线路复杂，管理不便。

总之，内部运输方式的选择必须与矿石地面加工工艺过程、开拓巷道的布置、工业场地的选择结合起来考虑，因地制宜，根据矿山具体条件选择经济合理、设备来源容易的运输方式。

9.2.2　外部运输方式的选择

常用的外部运输方式有准轨运输、窄轨运输、汽车运输、架空索道运输和水路运输等。

选择矿山外部运输方式时，首先应了解当地原有运输与国家铁路、公路干线的联系，尽量利用原有线路，减少自建专用线路和土石方工程，节约基建投资。选择时应该考虑下列因素：

（1）地形条件。地形平坦、坡度平缓，有利于铁路运输。汽车运输能适应坡度较大和复杂的地形。在山区，地形复杂而高差较大时，如果运输量不大和运距较短，可以采用架空索道运输。

（2）矿山企业的规模和生产年限。矿山企业生产规模决定矿山企业外部运输运出、运入的货运量。货运量大和生产年限长的矿山企业，可以考虑铁路运输；反之，可以考虑采用汽车运输或架空索道运输。

（3）地理和交通条件。矿区距铁路干线比较近时，可以考虑修建准轨铁路与铁路干线相接轨。矿山位于偏僻山区、距铁路干线远、生产规模不大、地形又不利于修筑铁路时，可利用汽车运输。

矿山附近有水路可供利用并能修筑码头。此时，可利用水运方式进行外部运输。

一般来讲，平原和丘陵地区的矿山企业单向运输量大于 12 万吨/年，企业生产年限在 15 年以上时，外部运输采用铁路是合理的。生产年限不到 15 年，或单向运输量在平原、丘陵地区的小于 6 万吨/年、山岭地区的小于 12 万吨/年的企业，应以公路运输为宜。

我国金属矿山多分布在较偏僻的山区，点多面广，交通不便，离国家铁路干线较远，且中型企业占多数，生产年限在 20 年以内，单向运输量一般只有几万吨，因此大多数采用汽车运输。

最后应当指出，在进行内部运输和外部运输设计时，应尽可能简化运输系统，减少转运次数，并实行机械化装卸；同时，应保证生产安全、方便和可靠，要尽量减少地面工人数，减少基建和生产费用。

9.3 铁路运输与索道运输

9.3.1 铁路运输

9.3.1.1 准轨铁路运输

所谓准轨铁路运输是指铁路轨距符合国家 1435mm 标准轨的要求，又称为宽轨铁路。由于准轨铁路运输能力大、运输费用低，同时能解决产品（矿石、精矿）、原料、设备和日常货物以及人员运输问题，而且便于和国有铁路接轨。因此，大型矿山和外部运输条件较好的中型矿山常采用准轨铁路作为外部运输。

矿山准轨铁路专用线选线的原则：以矿区地形和交通条件、运输距离为依据，在符合国家铁路建筑标准的条件下，使基本建设费用和经营费用最低；同时，尽可能使专用铁路布置在工程地质条件较好的地带，避免路基下面压矿石（留保安矿柱）。

铁路线路由上部建筑和下部建筑组成：上部建筑包括钢轨、轨枕、道床、道岔等，下部建筑包括路基、桥涵、隧道等工程。它们的作用及其组成，这里不做介绍，可参看有关参考书。

铁路专用线的坡度应根据等级、牵引种类、地形条件、结合连接线路的限制坡度，协调统一考虑，并参照表 9-1 选取。

表 9-1　铁路专用线的坡度选取

线 路 等 级	年运量/万吨	限制坡度/‰	
		蒸汽机车（已经不用）	电力（内燃）机车
Ⅰ	>400	15	20
Ⅱ	150 ~ 400	20	25
Ⅲ	<150	25	30

铁路线路的曲率半径一般不小于表 9-2 的数值。

9.3.1.2 窄轨铁路

窄轨铁路包括轨距 900mm、750（762）mm、600mm 三种。虽然其运输能力

表9-2　铁路线路的曲率半径选取   （m）

线 路 等 级	最 小 曲 率 半 径	
	一 般 地 段	困 难 地 段
I	600	350
II	400	300
III	300	200

小、运输费用较准轨铁路高，但其适应性好，易于和坑内运输协调统一，便于组织管理。因此，对于生产能力不大、开采期限不长，且运输距离短的小型矿山，外部运输采用窄轨铁路有着一定的合理性，特别当地形复杂、不能满足铺设准轨铁路要求时，更有实用价值。

窄轨铁路地面运输所采用的运输设备、技术规范与坑内运输基本相同。在有关课程中已讲述，这里不再介绍。

9.3.2　索道运输

索道运输使用的是一种将满装矿石的矿斗厢借助于牵引钢绳的带动，在承载钢绳的轨道上作周期性往复运行的架空索道。它一般用于自井口矿仓将矿石装入矿斗厢，然后沿着架空索道运到选矿厂或铁路装车地点的一种运输方式。

当矿区处在地形复杂、坡度起伏山岭地带，采用其他地面运输；如铁路、公路运输存在着施工困难、基建工程量大、基建费用很高时，可以采用架空索道作为矿山外部运输的方式。

索道运输的优点：能够跨越山岭、峡谷、河川等的天然障碍；受气候条件影响小；直线运输能缩短运输距离；大大节省筑路的土石方工程量；建设占地小。

索道运输的缺点：初期投资较大；维修工作困难；如设计和施工不能保证质量时，索道的运输可靠性差。因此，要贯彻"精心设计、精心施工"的原则，以达到安全、可靠的要求。

在我国，有色和黑色金属矿山的外部运输采取索道运输的也不少。在运输条件差的山区，小型矿山可采用简单的轻便架空索道。

有关索道运输的类型、组成、使用和选型计算，请参看《矿山运输及提升》教材，这里不再讲述。

9.4　公路运输

公路运输由于汽车的运行灵活、方便、组织简单、投资小等一系列优点，故对于产量不大的矿山来讲，是广泛采用的运输方式之一，而且作为矿山内部的辅助生产运输是必不可少的。因此，本节重点介绍公路运输设计方面的必要知识。

公路运输设计所要解决的任务：确定公路运输的主要参数；定线；选择汽车类型；计算所需汽车台数。

9.4.1 确定公路运输主要运输参数

公路运输的技术参数是公路设计的主要依据。根据公路适用范围、道路性质、年平均昼夜交通量，将公路划分为四个等级，即一级、二级、三级、四级公路。一级公路无特殊情况，未经上级部门专门批准，一般不得采用。矿山企业的内部、外部运输公路，一般按三、四级设计。矿山各级公路主要技术参数见表9-3。

图9-1所示为双坡形公路，其两侧设有保护路面的路肩，采用明沟排水。

表9-3 矿山各级公路主要技术参数

公路等级	二级公路		三级公路		四级公路		厂（矿）内的道路
地形	平原、微丘	山岭、重丘	平原、微丘	山岭、重丘	平原、微丘	山岭、重丘	
相应于年平均昼夜双向交通量/辆·d^{-1}	2000~5000	2000~5000	<2000	<2000	<200	<200	行驶汽车
行车速度/km·h^{-1}	80	40	60	30	40	20	15
不设超高的平曲线半径/m	1000	250	500	150	250	100	
最小平曲线半径/m	250	50	125	25	50	15	15
弯道加宽/m		1	0.8	2	1	2.5	
最大纵波/%	5	7	6	8	6	9	平原6、山区9
竖曲线最小半径/m 凸形	4000	1000	2500	500	1000	500	300
凹形	1000	500	750	500	500	500	100
会车视距/m	200	100	150	60	100	40	40
停车视距/m	100	50	75	30	50	20	20
路基宽/m	10 或 12	8.5	8.5	7.5	4.5~6.5	4.5~6.5	
路面宽/m	7 或 9	7	7	6	3.5	3.5	单车3.5，双车6~7
路面结构	沥青贯入式碎石路面		泥结碎石、级配碎石路面		当地材料加固或改善路面		水泥
桥涵车辆允许荷载	15t汽车、80t挂车		15t汽车、80t挂车		10t汽车		—

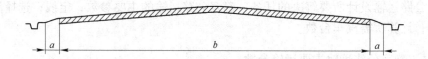

图 9-1　双坡形公路

a—路肩：一般为 0.75 ~ 1.5m；

b—路宽：单车道 4.0 ~ 4.5m，双车道 6.5 ~ 7.0m

交通量是指单位时间内汽车车辆以计算速度通过道路某横断面的最大数量（单位为辆/d 或辆/h）。交通量的大小对道路路面结构、路面宽度及厚度有直接影响，是设计道路行车道数目的依据。

行车速度是汽车在道路受限制部分（如纵坡变坡处、弯道处）的最大行驶速度。它象征着设计道路技术标准的高低程度。行车速度的大小主要受汽车类型、道路级别、运输性质、沿线地形地貌以及运输的技术经济因素等影响。

平曲线半径是指道路在平面上曲线段的半径，是指转弯半径、道路的转弯半径。其大小具体为：三轮汽车、小客车，$R = 6m$；一般二轴载重汽车，$R = 9m$；重型载重汽车、公共汽车，$R = 12m$；带拖车的载重汽车，$R = 12 ~ 18m$；拖车列车，$R = 15 ~ 21m$。

纵坡是指在一定长度的水平距离内，道路标高升高或降低的程度。纵坡的大小及其长度影响着汽车行驶的速度以及运输的经济与安全、工程造价等。道路纵坡不宜过大，否则既影响安全行车，又会增加机械磨损和耗油量。最大纵坡对公路来说，宜限制在 8% 以内。最小纵坡度应保证有利于排水，一般以不小于 0.3% ~ 0.5% 为宜。

道路纵断面线路中纵坡变坡时的转坡角 ω 如图 9-2 所示，用坡度代数差表示，即：

$$\omega = \alpha_1 + \alpha_2 \tag{9-1}$$

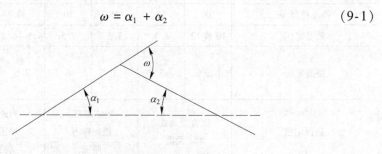

图 9-2　变坡时的转坡角示意图

因 α 很小，可用其正切值表示：

$$\omega = \tan\alpha_1 + \tan\alpha_2 = i_1 + (- i_2) \tag{9-2}$$

i 上升时为 "+" 值，下降时为 "-" 值。

所以
$$\omega = + i_1 - i_2 \tag{9-3}$$

道路纵坡转弯处，车辆运行时将发生颠簸振动或冲击振动，为了便于行车，用一段曲线来缓和，称为竖曲线，如图 9-3 所示。竖曲线的线型可采用抛物线或圆曲线，在使用范围内两者区别不大，但在设计和计算上，抛物线比圆曲线方便得多。

竖曲线的三要素曲线长 L、切线长 T、外矢距 E，可由下列公式计算：

坡度差 $\omega = i_1 - i_2$（当 ω 为 "+" 时，竖曲线为凸形；当 ω 为 "-" 时，竖曲线为凹形），如图 9-4 所示。

曲线长
$$L = R\omega = R(i_1 - i_2) \tag{9-4}$$

切线长
$$T = L/2 = R\omega/2 \tag{9-5}$$

外矢距
$$E = T^2/2R = R\omega^2/8 \tag{9-6}$$

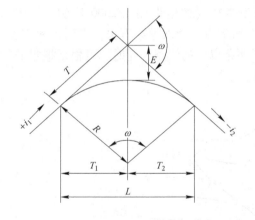

图 9-3　竖曲线计算

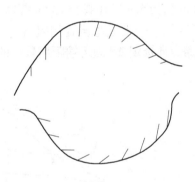

图 9-4　竖曲线凸形与凹形

驾驶员发现前方有障碍物到汽车在障碍物前停止时所需要的最短距离，称为停车视距。

两对向行驶的汽车，在相互发现后，已来不及错车的情况下，双方采取制动刹车，保证安全停车所需的最短距离，称为会车视距。

9.4.2　定线

修筑公路、铁路、管线，都需要有一定的坡度限制。在规定的坡度内，如何选定最短的线路是减少土（石）方量，节省基建费用的重要技术措施。

定线是指根据既定的运输方向和起讫点，选择一条运输距离最短的线路。其方法为：首先在地形图上（比例为 1/1000 或 1/2000 的地形图）确定线路方向、起讫点，按地形图上的等高线距离和线路限制坡度定出线步距，其计算公式如下：

$$d = \frac{\Delta h}{i} \tag{9-7}$$

式中　d——定线步距，m；

　　　Δh——地形图上等高距，m；

　　　i——线路限制坡度，一般公路为 $i = 5\% \sim 8\%$。

　　然后，通过起讫点（或控制点）按地形图比例，以定线步距为单位，用两脚圆规在地形图上，从起点向终止点逐步作出相应的点，连接这些点，即为所需选择的最短线路（线路的中心线）。

　　例9-1　拟定的公路方向为从山坡向山上，即从 A 点到 B 点，如图9-5所示。最大（限制）坡度 $i = 5\%$，地形图上等高线间距 $\Delta h = 5\mathrm{m}$，则线路的定线步距 $d = \frac{\Delta h}{i} = \frac{5}{0.05} = 100\mathrm{m}$。

　　以 A 点为圆心，以 100m 定线步距为半径（按地形图 1/2000 比例尺，将 100m 缩为 5cm）作弧交 130m 等高线于 2 和 2′点，依次继续下去，得到 3 和 3′，4 和 4′，…，把这些点连接起点，可绘得两条以上的线路，此时，可根据拟定的线路方向选定 AB 为运输距离最短的线路。

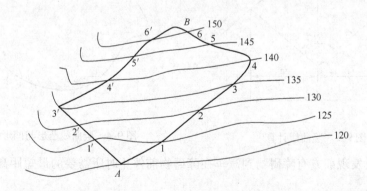

图 9-5　公路定线示意图

9.4.3　选择汽车类型

　　汽车类型的选择主要依据运输货物的种类和运输距离来确定。例如，矿石、精矿等大宗散状物料采用7t以上自卸式汽车，日用货物采用高挡板汽车，笨重货物（设备、钢坯等）采用重型平板车或重型载重汽车，液体货物（如油类）采用槽车或装在汽车上活动液槽。

9.4.4 计算汽车数量

汽车数量的计算可采用比较精确的直接计算法，其计算公式为：

$$N = \frac{Q_年 K_1 K_2 K_3}{358 P n K_4} \tag{9-8}$$

式中　N——汽车数，辆；

　　　$Q_年$——年平均运输量，t；

　　　K_1——运输不均衡系数，一般取值 1.1 ~ 1.2；

　　　K_2——车辆备用系数，一般取值 1.1 ~ 1.2；

　　　K_3——车辆检修系数，汽油车为 1.1，柴油车为 1.15；

　　　K_4——车辆载重利用系数，运矿时 $K_4 = 0.85 ~ 0.95$；

　　　358——车辆年在册天数，驾车员按六车七人制，当采用三班制时，车辆年在册天数为 365 天；

　　　P——汽车载重量，t，按选用车型确定；

　　　n——每辆汽车昼夜周转次数，次；

$$n = \frac{mTK_5}{T_周} \tag{9-9}$$

　　　m——工作班数，一般为一班（白班），直接为采矿车间运矿石、精矿或其他原料的，有两班或三班；

　　　T——台班工作小时，一般为 8h；

　　　K_5——台班时间利用系数，一班制：$K_5 = 0.87 ~ 0.93$；二班制：$K_5 = 0.81 ~ 0.87$；三班制：$K_5 = 75 ~ 81$；

　　　$T_周$——车辆一次周转时间，h；

$$T_周 = \frac{2L}{v} + \frac{t_1 + t_2 + t_3}{60} \tag{9-10}$$

　　　L——运输距离（由装车地点到卸矿地点的平均距离），km；

　　　v——汽车平均运行速度，平原地区一般不大于 25km/h，山区不大于 20km/h；

　　　t_1——装车时间，min，根据装车方式不同，参照实际资料取；

　　　t_2——卸车时间，min，自卸汽车取值为 3 ~ 5min；

　　　t_3——调车（停歇或调头）时间，一般取值为 10 ~ 30min；

例 9-2　某矿位于高丘陵地带，矿石为硫铁矿，平均品位为 38%。以原矿出售，交货地点为铁路沿线的矿石转运站，与矿区相距 34km。总图运输设计方案中确定汽车运输作为外部运输方式。汽车运输年运量为 10 万吨，8 小时工作制，每天一班作业。试选择汽车类型并确定所需汽车台数。

（1）汽车类型选择：根据所运货物为硫铁矿石，运距34km，故决定采用10t自卸式汽车。

（2）计算所需汽车台数。用直接法计算，首先计算一次周转时间 $T_周$，再计算每辆汽车周转次数，然后计算汽车台数。

$$T_周 = \frac{2L}{v} + \frac{t_1 + t_2 + t_3}{60} = \frac{2 \times 34}{20} + \frac{30 + 5 + 30}{60} = 4.48h$$

式中，$L = 34km$，$v = 20km/h$，$t_1 = 30min$（人工装运）；$t_2 = 5min$，$t_3 = 30min$。

$$n = \frac{mTK_5}{T_周} = \frac{1 \times 8 \times 0.88}{4.48} = 1.57，取整数，n = 2 次。$$

式中，$m = 1$ 班，$T = 8h$，$K_5 = 0.88$。

$$N = \frac{Q_年 K_1 K_2 K_3}{358 P n K_4} = \frac{100000 \times 1.1 \times 1.1 \times 1.15}{358 \times 10 \times 0.95 \times 2}$$

$$= \frac{139150}{68020} = 20.5 \text{ 台}$$

取整数，$N = 20$ 台。

式中，$K_4 = 0.95$，$P = 10t$，$Q_年 = 100000t/a$，$K_1 = 1.1$，$K_2 = 1.1$，$K_3 = 1.15$。

9.5　土方工程计算

基建或生产矿山、井口工业场地和地面建筑厂房，经常遇到土方工程量的计算。因此，土方工程量的计算方法是采矿工程技术人员必须掌握的一项内容。

计算土方工程量常用的方法有方格网法和横断面计算法，也可查表。

9.5.1　方格网计算法

方格网计算法的步骤：

（1）划分方格。将绘有地形等高线的总平面图，需要布置井口工业场地的地段，划分为若干正方形的方格网，方格的边长取决于地形情况和设计精度要求。在地形平坦的场地，方格边长一般用 20 ~ 40m；在地形起伏变化较大的场地，方格网的边长采用 20m。在初步设计阶段，为提供设计方案比较而进行的土方工程量估算，方格边长可大到 50 ~ 100m。一般采用一种尺寸的方格网进行计算。但在地形变化较大时，或布置有特殊变化处，可局部加密方格。

（2）填入设计标高和自然标高。在方格网各角点上填入设计标高和自然标高，方格角点的右上角上填入设计标高，右下角填入自然标高，如图 9-6 所示。自然标高最好按方格在现场测量，但一般也可利用地形图上的等高线，并采用根据等高线求任一点标高的方法求得方格交点的自然标高。

（3）计算施工高程。施工高程等于设计标高减去自然标高，得数为"+"时表示填方，得数为"–"时表示挖方。计算出的施工高程分别填入左上角，如图9-6所示。

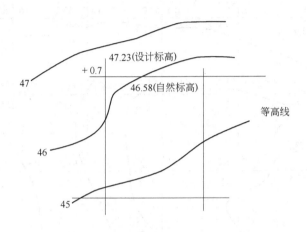

图 9-6 高程示意图

（4）找出零点并连成零线（即挖填分界线）。所谓零点即不挖不填的地方。在方格内相邻两角，一为填方、一为挖方，则其中必有不挖不填处。算出零点位置，连接相邻零点，即为零线，象征挖填方分界线。

（5）分别计算每一方格内的土（石）方量。由于每一方格内的挖填情况不同，其图示也不同，应按相应的图示，分别代入相应的公式进行计算，详见表9-5。计算出的挖填方量填入表9-4中（注：用查表代替计算的方法可节省大量时间）。

例9-3 平整场地土方工程量计算。

方格网计算法。将图9-7各方格地面平整成高程53.2m的平面，计算土方工程量。

计算步骤如下：（1）按20m长划分方格；（2）填入设计标高和自然标高；（3）计算施工高程；（4）找出零点并连接成零线；（5）按公式计算每方格的土方量；（6）按表9-4汇总。

现分别计算小方格一、二、三、四。

小方格一：两点为挖方，一点为填方，故需分别计算。

$$V_{1挖} = \frac{1}{4}(0.6 + 0.7 + 0.0 + 0.0)S_{1挖} = 0.325S_{1挖}$$

$$V_{1填} = \frac{1}{3}(0.3 + 0.0 + 0.0)S_{1填} = 0.1S_{1填}$$

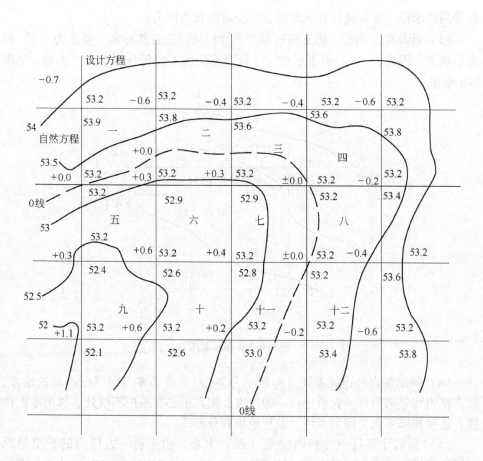

图 9-7　土方工程量计算实例

表 9-4　土方工程量计算

方格编号	挖填方数量/m³		挖填方代数和
	挖　方	填　方	
1			
2			
3			
4			
其他			
总　　计			
弃土（借土）数量			

表9-5 土方工程量计算公式

挖填情况	图　示	计算公式	备　注
零（点）线计算		$b_1 = a\dfrac{h_1}{h_1+h_3}$ $b_2 = a\dfrac{h_3}{h_1+h_3}$ $c_1 = a\dfrac{h_2}{h_2+h_4}$ $c_2 = a\dfrac{h_4}{h_2+h_4}$	a—— 一个方格边长，m； b，c——零点到一角的边长，m； $h_1 \sim h_4$——分别各角点施工高程，用绝对值代入，m
正方形（四点填方与挖方）		$V = \dfrac{a^2}{4}(h_1 + h_2 + h_3 + h_4)$	V——挖方或填方的体积，m^2； $\sum h$——挖方或填方施工高程总和，用绝对值代入，m
梯形（两点填方或挖方）		$V = \dfrac{b+c}{2}a \cdot \dfrac{\sum h}{4}$ $= \dfrac{(b+c)a\sum h}{8}$	本表公式是按各计算图形底面积乘平均施工高程而得出的
五角形（三点填方或挖方）		$V = \left(a^2 - \dfrac{bc}{2}\right)\dfrac{\sum h}{5}$	
三角形（一点填方或挖方，其余为不填挖）		$V = \dfrac{1}{2}bc\dfrac{\sum h}{3}$ $= \dfrac{bc\sum h}{6}$	

而 $S_{1挖}$ 和 $S_{1填}$ 为挖填方面积，可按表 9-5 三角形和梯形计算公式，求 $S_{1挖}$ 和 $S_{2填}$。

小方格二：两点为挖方，两点为填方，故需分别计算。

$$V_{2挖} = \frac{1}{4}(0.6 + 0.4 + 0.0 + 0.0) \times 0.25 S_{2挖} = 0.25 S_{2挖}$$

$$V_{2填} = \frac{1}{4}(0.3 + 0.3) S_{2填} = 0.15 \times S_{2填}$$

而 $S_{2挖}$ 和 $S_{2填}$ 可按表 9-5 梯形公式求面积。

小方格三：计算方法同小方格一。

小方格四：三点为挖方，一点不挖不填，可按正方形四点挖方公式计算。

$$V_{挖} = \frac{a^2}{4}(0.4 + 0.6 + 0.2 + 0.0) = 0.3a^2$$

式中　a——为正方形边长，a^2 为其面积。

9.5.2 　横断面计算法

横断面计算法多用于场地纵横坡度有规律变化的地段，此方法计算简捷，但精度略低于方格网计算法。

计算步骤：

（1）绘出横断面线。根据竖向布置图，先绘出横断面线，绘制方法如图 9-8 所示。

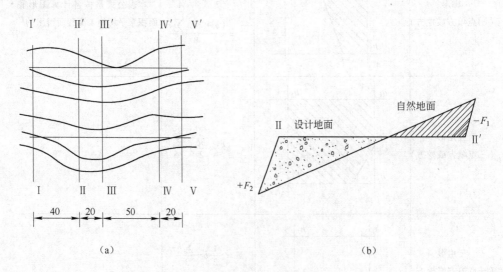

（a）　　　　　　　　　　　　　（b）

图 9-8 　土（石）方工程量横断面绘制（Ⅱ—Ⅱ′）

横断面线的走向一般垂直于地形等高线，或垂直于主要建筑物的长轴。横断面线的间距视地形情况和布置情况而定。在地形平坦地区，一般采用间距为40~100m。在地形复杂地区，可用10~20m，其间距可以均等，也可在已有特征的地段增加或减少横断面。

（2）作横断面图。根据设计标高和自然标高，在坐标纸上，按一定比例尺，作出Ⅰ—Ⅰ′、Ⅱ—Ⅱ′、……横断面，如图9-8（a）所示。制图所用比例尺视计算精度要求而异，通常都采用1/500~1/200。

（3）计算每一横断面的挖方和填方面积。每一横断面的挖方和填方面积一般由坐标纸所反映的数据直接求得，也可以用面积计算公式求得。

（4）计算相邻两横断面间的挖方和填方体积。挖方或填方计算公式如下：

$$V = L(F_1 + F_2)/2 \tag{9-11}$$

式中　V——相邻两横断面的挖方或填方体积，m^3；

F_1，F_2——相邻两横断面的挖方或填方面积，m^2；

L——相邻两横断面间的距离，m。

（5）列表汇总。将上述计算结果，按横断面的编号次序填入汇总表中，见表9-6。

表9-6　横断面计算结果

横断面编号	填方面积 /m^2	挖方面积 /m^2	平均面积/m^2		断面间距 /m	体积/m^3	
			填方	挖方		填方	挖方
Ⅰ—Ⅰ′	$+F_1 = 28$	$-F_1 = 10$	+24	-12.5	40	+960	-500
Ⅱ—Ⅱ′	$+F_2 = 20$	$-F_2 = 15$	+15	-20.0	20	+300	-400
Ⅲ—Ⅲ′	$+F_3 = 10$	$-F_3 = 25$	+5	-27.5	50	+250	-1375
Ⅳ—Ⅳ′	$+F_4 = 0$	$-F_4 = 30$	0	-32.0	20	+0	-640
Ⅴ—Ⅴ′	$+F_5 = 0$	$-F_5 = 34$					

9.5.3　设计标高的确定

设计工业场地时，必须知道设计的标高，才能计算土方工程量。当设计已规定了标高，可按规定的设计标高计算土方量。如果设计未规定平整场地的标高，则应根据填、挖平衡的原则进行确定。按照填、挖平衡原则求得的标高，称为平衡标高。当场地整平为一个平面时，设计标高只有一个平均标高。当场也需要平整成几个平面时，设计标高有若干个，此时，设计标高的确定要根据土方量的计算结果逐步调整。

平均标高是按各方格中心标高的算术平均值计算，而各方格中心标高是按方格四角点的地面实际标高的算术平均值计算。因此，平均标高 H_0 可按式（9-12）计算：

$$H_0 = \frac{\sum H_1 + 2\sum H_2 + 3\sum H_3 + 4\sum H_4}{4N} \quad (9\text{-}12)$$

式中　N——方格数；

$H_1 \sim H_4$——分别为方格各点地面实际标高，如图9-9所示。

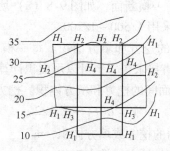

图9-9　方格各点标高

式（9-12）所求的平均标高未考虑土壤或岩石的松散系数影响而增加的体积，这样必然出现挖方体积大于填方体积的问题，这关系到土方调配问题。

考虑土壤残余松散系数的影响，式（9-12）所求出的标高 H_0 应加以修正，如图9-10所示。

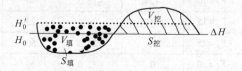

图9-10　残余松散系数影响的标高修正值 ΔH

当采用考虑土壤残余松散系数影响而修正后的平均标高 H_0' 时，标高修正值 ΔH 可根据开挖后的松散体积与填方体积平衡的原则确定。

由　　　　　　　　　$(V_{挖} - S_{挖}\Delta H)K_1 = V_{填} + S_{填}\Delta H$

得　　　　　　　　　$$\Delta H = \frac{V_{挖}(K_1 - 1)}{S_{挖}K_1 + S_{填}} \quad (9\text{-}13)$$

式中　$V_{挖}$——当标高为 H_0 时所定的挖方体积，m^3，此时，填方体积应等于挖方体积，即 $V_{填} = V_{挖}$；

　　　$S_{挖}$——当标高为 H_0 时，所定的填方面积，m^2；

　　　$S_{填}$——当标高为 H_0 时，所定的挖方面积，m^2；

　　　K_1——土壤和岩石的松散系数及残余松散系数，见表9-7。

表 9-7 土壤和岩石松散系数及残余松散系数

土壤（岩石）名称	松散系数 K	残余松散系数 K_1
土壤、砂	1.1～1.2	1.01～1.03
腐殖土	1.2～1.3	1.03～1.04
肥黏土、粗砾土	1.24～1.3	1.04～1.07
软泥灰石	1.33～1.37	1.11～1.15
黏土质灰石、较软的坚实片岩	1.35～1.45	1.1～1.2
中硬坚实岩石	1.4～1.6	1.2～1.3
硬和极硬坚实岩石	1.45～1.8	1.25～1.35

习 题

9-1 矿山地面运输包括哪些内容？分别说明其含义。

9-2 定线的含义是什么？定线步距怎么确定？

9-3 分别说明土石方量计算的方格法和横断面法的特点、步骤。

10 矿山企业设计总概算的编制

10.1 编制概算的目的与原则要求

设计概算是基本建设项目初步设计的重要文件，是加强设计经济核算的基本环节。编制概算的目的是为了确定建设工程项目投资的最高限额，作为投资包干和工程贷款以及编制基础设计进度计划的依据。因此，概算编制应满足下列原则要求：

（1）必须遵守国家现行的有关规定，正确反映设计内容和建设条件，体现投资的完整性与合理性。

（2）概算造价应反映地区水平，符合现场实际。

（3）概算文件应做到简明、全面、准确、及时，其深度内容与初步设计内容深度的原则规定相适应。

（4）概算编制前要切实做好调查研究工作，认真收集各项基础资料，如建设地点的交通、自然经济状况、水电供应、材料来源、材料价格以及施工力量等；了解主管单位和有关部门对该地有关各项费用的规定、民用建筑标准以及各种定额指标；会同建设、施工、银行等单位共同研究有关其他费用的计取办法。编制过程中要依据工程项目表按单项工程编制概算，以免错项、重项、漏项。

概算一经编制完成，要认真审查，随同初步设计文件报请领导部门审批。经审批后的概算要严格控制，不得任意突破。

10.2 总概算的组成

10.2.1 工程项目划分

基本建设工程项目的划分可分为四级：

（1）建设项目，如××钢铁公司，也可以是一个独立的矿山或工厂。

（2）工程项目，即××钢铁公司或独立矿山下属的坑口（采矿场）、选矿厂等。

（3）单项工程，如坑口或选矿厂下属的车间或工段。

（4）单位工程，即构成某车间（工段）的建筑工程、设备安装工程，其他基建工程和费用。

当建设项目是一个独立矿山或选矿厂时，可取消"工程项目"这一级。

10.2.2 初步设计总概算的组成

初步设计总概算一般由以下文件组成：

（1）编制说明，包括工程概况、编制概算的依据、编制方法、投资分析和有关问题的说明。

（2）建设项目总概算，是确定某一建设项目从筹建到竣工验收的全部建设费用的总文件。它是根据建设项目的井巷工程、建筑工程、机电设备及安装单位工程概算、其他基建工程和费用编制的。

（3）单项工程综合概算，包括单项工程的全部建设费用。它是由单项工程中的单位工程逐项计算汇总而成的。

（4）单位工程概算，包括构成某车间、工段（或独立建筑物）的建筑物、设备及安装工程费用。它是根据各单位工程的工程量和概算编制的。

（5）其他基本基建工程和费用项目，是指在建设工程中不宜和不必分摊在各个综合项目费用，如建设场地的准备工作费、生产人员的培训费。

10.2.3 总概算的费用项目

10.2.3.1 工程费用项目

（1）主要生产和直接生产工程。采场的井巷建筑等为主要生产工程；直属采矿所辖的井口设施，如井口材料库，坑口修理站等均属直接生产工程；选矿厂的整个生产工艺流程的所有工程及设施，即自破碎车间至精矿脱水、尾矿处理等工程和设施均属主要生产工程。

（2）辅助生产及公用系统工程。机修厂、化验室、试验室均为辅助生产工程；给水、排水、供电、通信、运输等系统均为公用系统工程。

（3）行政管理及服务性工程。行政管理工程包括办公室、警卫、消防设施、招待所等；服务性工程是指处于生产区专为生产工人服务的各项设施。

（4）文化、福利工程。它是指全企业职工、家属生活福利全部设施，如住宅、宿舍、食堂等。

10.2.3.2 其他基建工程和费用项目

（1）建设场地准备费，包括土地征购、各种赔偿费、搬迁费等。

（2）筹建及生产准备费，包括建设单位管理费、生产人员培训费、生活家俱购置费、无负荷联合试运转费、烘炉费等。

（3）施工措施及施工附加费，包括施工机构调遣费、大型临时工程费、各雨季施工附加费等。

（4）其他基本建设工作费，包括科学实验研究费、为支付非事业单位的勘探设计费等。

在编制总概算时，除将上述（1）、（2）项费用合计后，还应列出"未能预见的工程和费用"。

在总概算的末尾列出基建时可以收回的金额，或可以收回的基建附产矿石量。

10.2.4　概算全部建设费用的分类

概算全部建设费用的分类如下：

（1）井巷工程费，指矿山投产前所开掘的基建开拓井巷和相应的采准、切割以及基建探矿的井巷工程费。

（2）建筑工程费，包括列入工程项目一览表内的生产和辅助车间的永久性的建筑物、构筑物如厂房、办公用房、仓库、料仓、栈桥、通廊、井架、铁路、公路、桥涵、地沟；给水、排水、采暖、通风、卫生工程；室内电气照明、管道工程；场地平整以及大型临时设施等的建筑工程费用。

（3）设备购置费和生产工具费，包括一切需要安装和不需要安装的机械设备、电气设备、备品、备件、非标准设备的购置费；实验室的仪器、器具、工具等的购置费。

（4）设备安装工程费，包括需要安装的机械、电气设备、运输设备的安装；附属于被安装的管线工程；地面输电线路；井上、井下的压气、通风、排水等的管道安装工程费。

（5）其他基本建设费用，包括上述费用以外的各项费用，如土地征购，建筑场地原有各种建（构）筑物、坟墓迁移补偿费，青苗赔偿费，建设单位管理费，无负荷试验费，科研试验费，生产工人培训费，临时工程费，施工附加费等。

10.3　编制概算的依据和方法

10.3.1　编制概算的依据

编制概算的依据如下：

（1）国家计划确定的建设项目文件。

（2）初步设计、工程项目表以及有关协议等资料。

（3）材料预算价格，按工程所在省、市、自治区现行规定执行，并根据具体情况做出调整系数。如果地方无规定，可根据调查资料进行编制。

（4）现行的建筑工程、安装工程概算定额、指标。一般项目按省、自治区现行规定执行,专业项目按领导部门的有关规定执行。间接费按省、自治区地方政府或冶金行业有关规定执行。

(5)设备预算价格。标准设备价格可按《机电设备现行出厂价格》;各省、市、地区《机电产品现行价格》;市场上各设备制造厂新产品计划价格。

非标准设备价格可按各主管部(委)和各省、市、自治区的定价办法计算。

设备运杂费率是指设备由制造厂仓库至工地仓库间的运输费、运杂费、销售部门手续费、包装费和采购及保管费用,按主管部门和省、市、自治区规定执行。

(6)各项费用定额,包括土地征收费用,建筑场地、坟墓迁移补偿费,青苗赔偿费,办公和生活用具购置费,大型临时工程建设费,冬季、雨季设施附加费,应按各省、市、自治区规定执行。

10.3.2 概算编制的方法

10.3.2.1 单位工程概算书

根据工程项目表中初步设计图纸确定工程量,按单项工程中单位工程编制单位工程概算:

A 井巷开拓工程

单位工程概算是确定每一井巷工程基建开拓达到设计产量时的全部工程费,由工程直接费和间接费(包括井巷辅助车间服务费)构成。

(1)各中段开拓工程、采准、切割、基建探矿巷道,分别计算工程量及概算价值;

(2)井巷工程的临时措施应与永久性工程分开,另行编制临时井巷工程的概算;

(3)矿山基建阶段采出的副产矿量,应计算其回收价值;

(4)辅助车间服务费按规定定额计算;

(5)井巷掘进按体积(m³)计算;

(6)井筒装备工程概算,按表 10-1 格式编制。

表 10-1 竖井井筒装备工程概算 （元）

编制依据	工程或费用项目	单位	数量	单价	合计	备注
2	3	4	5	6	7	8
18-4	直接定额费	m	400	275	110000	
26-4	辅助车间服务费	m	400	1589	63560	
小 计			173560			
间接费			173560×26%＝45126			
总 计			218680			

B 建筑工程

建筑工程可根据设计深度要求和条件，按概算定额，扩大结构单价为主进行编制；也可采用工程内容相似的概算指标编制，或工程预（决）算进行编制。

（1）房屋建筑，包括各种工业用房和民用建筑，以每栋为独立建筑物为单位，按 m^2 或 m^3 计算。

（2）特殊构筑物，包括设备基础、矿槽、矿仓、料仓、栈桥、通廊、支架、烟囱、水塔、水池、尾矿坝等，以"m^3"、"延米"、"座"、"t"（金属结构）为计算单位。

（3）运输工程，包括准轨铁路、窄轨铁路、公路、厂区道路、架空索道、桥梁、码头等建筑工程，长度按"km"或"m"计算，桥梁按"座"计算。

（4）工业管道工程，包括各种给排水、压气、通风、尾矿管道。室内管道按厂房内配置系统；室外管道按分区系统分别编制。室内、室外管道的编制，按图纸计算出管道延米，按管径分别查询当地《材料预算价格》，再乘以管件及安装费率。

（5）电气照明工程。室内照明按建筑面积"m^2"或"kW"计算；露天照明和局部照明按"套"、"座"、"基"计算。

（6）供电外线、通信网路按"延米"计算。

C 设备及安装工程

设备及安装工程包括机械及电器设备的购置和安装费。应按每一个厂房内或工段所配置的全部机电设备分别编制单位工程概算。

（1）设备费，由设备原价和设备运杂费组成，即：

$$设备运杂费 = 设备原价 \times 运杂费率$$

不同地区运杂费率是不同的，可查阅有关手册选取。

（2）设备安装费，按每套设备、每吨设备、设备容量安装费概算指标或设备原价的百分数计算。

（3）安装材料费。与设备相连的工作台、梯子的安装工程，附属于被安装设备的管线敷设工程，以及设备绝缘、油漆工程均应计算工程量，将其价值列入安装费中。

（4）设备安装费和间接费的计算。

$$安装费、间接费 = 设备原价 \times 安装费、间接费率$$

或 $$安装费、间接费 = 设备总重(t) \times 每吨设备安装费、间接费指标(元/t)$$

采矿设备的安装费、间接费率，一般为设备费的 2.5% ~ 4.5%。如斜井提升设备安装费率为 3%，竖井提升设备 4%，通风设备 4.5%。每吨设备的安装费、间接费指标一般为 40 ~ 100 元。具体可参阅有关手册。

有些大型设备，需要拆卸运到现场，则应计入组装费用，即：

$$设备组装费=设备原价×组装费率$$

采矿、运输设备的组装费用率，取 0.3% ~ 1.2%。

例 10-1　上例竖井中，安装 XKT2×3×15×11.5 提升机，设备的出厂价格为 130000 元/台。如在内蒙古建设矿山（其运杂费率为 6%），试编制设备购置及安装费的概算，见表 10-2。

表 10-2　竖井提升机及安装设备购置及安装工程概算　　　　（元）

设备及安装工程名称	数量	重量/t		单　价		总　价	
		单位重量	总重量	设备费	安装费	设备费	安装费
主提升机 XET2×3×1.5×11.6				130000		130000	
设备运杂费 130000×6%				8600		8600	
合　计						136000	
设备安装费 130000×4%					5200		5200

10.3.2.2　综合概算书

综合概算书是编制总概算的依据。它是按单项工程为单位进行编制的用以确定每一个生产或辅助车间、公共系统工程、民用设施的建筑工程、设备安装工程和各类费用的建设投资的综合性文件。

综合概算是由各单位工程概算汇总成的，是单项工程的概算。单项工程一般是指独立的生产厂或车间，或是一个完整的、独立的生产系统，如主要生产工程项目的采矿、选矿系统。机修、动力、总图运输、给排水系统等辅助生产系统，民用建筑等分别作为一个单项工程。综合概算书中的单项工程概算项目按下列顺序排列：

（1）建筑工程，包括一般土建工程；特殊构筑物工程；水暖卫生工程；工业管道工程；照明工程及电力，通信线路敷设工程等。

（2）设备及安装工程，包括机械设备安装工程；电气设备安装工程；自动控制设备及热工仪表安装工程。

（3）其他基本建设和费用（指不做总概算的单项工程）。

10.3.2.3　总概算书

总概算书应包括建设项目从筹建起，到建筑、安装完成及试车投产的全部建设费用。它是由若干个综合概算和其他基本建设工程和费用概算组成的。

总概算书是按一个建设项目（即建设单位）为对象进行编制的。一个建设项目可能包括一个独立的工程，也可能包括几个或更多的工程。一般是以一个企

（事）业单位即作为一个建设项目，如独立的工厂、矿山或其联合企业，只应作为一个建设项目。

10.3.3 编制总概算书的内容

10.3.3.1 编制说明

（1）工程概况。简要说明工程的概况，如矿山的设计规模、开拓方式、井巷长度、总体积采矿方法等。

（2）概算编制依据。可将所采用的各项文件列出清单附在总概算表后。

（3）投资分析。投资分析主要分析各种投资比例。如按投资性质分为矿山开拓、建筑工程、设备及工器具购置费、安装工程、其他建设费，按生产工艺专业分为采矿、选矿、矿机、矿电、总图运输、给排水、民用福利、其他基建费等。

有可比对象时，则与同类矿山企业、相似规模工程项目的投资进行比较，并分析投资高低原因。投资分析的目的是说明该设计的投资使用情况及经济效果等，供上级领导部门（业主）在审批设计时参考。投资分析形式可根据工程特点拟定。

（4）有关问题的说明。主要说明概算中遗留问题及处理意见，供领导机关审批概算时审定。

（5）其他需要说明的问题。

10.3.3.2 总概算表的编制

总概算分工程费用、其他基建工程和费用两大部分，具体内容见表10-3。

表10-3 总（综合）概算书

总（综合）概算价值＿＿＿＿＿＿＿元

其他回收金额＿＿＿＿＿＿＿元

建筑项目名称＿＿＿＿＿＿＿

工程和费用名称		开拓工程	建筑工程	概算价值/元				占总投资数/%
				设备及工器具购置	安装工程	其他工程	总值	
第一部分，工程费用	1. 主要生产工程项目	√	√	√	√	√	√	
	2. 辅助生产工程项目		√	√	√	√	√	
	3. 电力通信工程项目		√	√	√	√	√	
	4. 室内外给排水工程		√	√	√	√	√	
	5. 总图运输工程		√	√	√	√	√	
	6. 行政生活及服务性工程		√	√	√	√	√	
	小 计	√	√	√	√	√	√	

工程和费用名称		开拓工程	建筑工程	概算价值/元				占总投资数/%
				设备及工器具购置	安装工程	其他工程	总值	
第二部分，其他工程和费用	1. 建设场地准备费					√	√	
	2. 筹建及生产准备费					√	√	
	3. 施工措施及施工附加	√	√		√	√	√	
	其中：施工机构调遣					√	√	
	大型临时工程	√	√		√	√	√	
	4. 其他基建工程和费用					√	√	
	小　计	√	√		√	√	√	
第一、二部分费用合计		√	√	√	√	√	√	
未能预见的工程和费用（占一、二合计的百分比）						√	√	
总概算价值		√	√	√	√	√	√	
投资构成比例/%		××	××	××	××	××	××	100

编制人：　　　　　　　　　　工程负责人：　　　　　　　　审核人：

注：表内打√者为填写数字。

参 考 文 献

[1] 杨鹏，蔡嗣经．高等硬岩采矿学 [M]．北京：冶金工业出版社，2010.
[2] 新编矿山采矿设计手册 [M]．徐州：中国矿业大学出版社，2006.
[3] 考夫曼，奥尔特，著．矿山道路设计手册（内部资料）．煤炭规划设计院情报组，译，1980.
[4] 张富民，等，采矿设计手册 [M]．北京：中国建筑工业出版社，1988.